现实社会的善意短信

川 编著

中国华侨出版社

图书在版编目（CIP）数据

给现实社会的善意短信 / 刘川编著. —北京：中国华侨出版社，2012.11
ISBN 978-7-5113-3073-4

Ⅰ.①给… Ⅱ.①刘… Ⅲ.①成功心理—青年读物 Ⅳ.①B848.4-49

中国版本图书馆 CIP 数据核字（2012）第 271491 号

● 给现实社会的善意短信

| 编　　著 / 刘　川 |
| 责任编辑 / 李　晨 |
| 封面设计 / 智杰轩图书 |
| 经　　销 / 新华书店 |
| 开　　本 / 710×1000 毫米　1/16　印张 16　字数 220 千字 |
| 印　　刷 / 北京一鑫印务有限责任公司 |
| 版　　次 / 2013 年 1 月第 1 版　2019 年 8 月第 2 次印刷 |
| 书　　号 / ISBN 978-7-5113-3073-4 |
| 定　　价 / 32.00 元 |

中国华侨出版社　北京朝阳区静安里 26 号通成达大厦 3 层　邮编 100028
法律顾问：陈鹰律师事务所
编辑部：（010）64443056　　64443979
发行部：（010）64443051　　传真：64439708
网　　址：www.oveaschin.com
e-mail：oveaschin@sina.com

前言

生活中，我们常常会遇到令自己不开心的事，甚至会遭遇到一些意想不到的打击，让我们不禁开始怀疑，生活中到底还有没有幸福的存在？

不可否认，社会是很残酷的，尤其是对刚刚走入社会的年轻人而言。可是，就在很多人都在抱怨社会生存竞争压力太大，对未来越来越没有理想和斗志的时候，一个80后却发出了这样的感慨，他说："一个人的成就，与岁月无关，与学历无关，与经历有关，最根本决定于经历之后做了什么——有没有去思考、去领悟。"

其实，现实中也蕴藏着无尽的善意和温暖，只是这些东西不能向外界去寻找，而是要向自己的内心去索要。想要在变幻莫测的世界里洞悉万物，找寻到那盏带着希望的灯光，就必须努力让自己内心强大；当你学会了摒弃一切不必要的困扰，你就拥有了一双能够飞向成功的翅膀；不要总说世界抛弃了你，换个角度审视自我，人生从此就会不一样；不要再对身边的事情或者以前发生的不幸进行回忆与抱怨，珍惜眼前，痛苦总会过去，总会有彩虹出现；不要总觉得只有自己很委屈，很多人都曾走过你正在走的路，他们不是没有痛苦，只不过他们看开了而已。放开心胸，真诚地对待自己的环境和你身边的每一个人，有些事情现在不做，就一辈子都不会做了。

蔡康永曾说："人生就这点时间，既然很多事不能逃避，那就让自己开朗一点吧！"其实，这无疑就是给残酷社会的一条善意短信，当我们遇到每一件不舒心、不美好的事时，试着在心里编写一条这样的信息，让所有的压力、烦恼、委屈、挫折、失败和困惑，统统化为浮云。

鉴于此，我们策划了本书，旨在告诉所有年轻人，能否与社会握手言和，冲破冰层开启幸福的生活，这是一份生活对每个渴望成长、渴望成熟、渴望成功的人设计的考卷，我们要做的，就是用一颗感恩和悦纳的心去面对最现实的生活。

记住：幸与不幸，全在于你的选择！

目录

第一章 强大内心——有信心就有希望

　　现实不会为了任何人而改变，更不会因为谁的心灵脆弱而更改游戏规则。这是每个人都必须要面对的事实，也是每个人步入社会必经的成长历程。想要在这个变动的世界中洞悉万物，你必须要强大自己的内心，把生命的意义推向一个更高的境界。

短信1　自省，让我们的心灵更有力／2

短信2　人在低谷更应该越挫越勇／5

短信3　自卑是职业大敌，自立自强才能后来居上／10

短信4　勇于肯定自己，人生没有迈不过去的坎／14

短信5　我们常因缺乏冒险精神而一事无成／17

短信6　学学"阿Q精神"，为自己打开"心门"／21

短信7　"不可能"——你的字典里没有这句话／24

短信8　坦然接受自己的缺陷，生命会更精彩／27

短信9　从形象入手，自信的人都是美丽的／30

第二章 | 删除纠结——社会是你成功的羽翼

　　当手机里存满信息时，我们会毫不犹豫地按下删除键，让内存归零。面对生活，如果我们也学会随时按下删除键，或许人生的烦恼会减少很多。当感到背负不动的时候，不如把失败、压力、悲伤、寂寞、烦恼统统清空，唯有心轻如燕，才能冲上成功的云霄。

短信 1　别在过去的失败里驻足／34

短信 2　放下压力，增加心灵的"弹性"／37

短信 3　把暂时的落寞当成一次小憩／40

短信 4　永远别问"凭什么"／43

短信 5　斗气不如斗智／46

短信 6　学会弃卒保车，才能赢得人生这盘棋／49

短信 7　扫除悲伤，赢回心的平和／51

短信 8　世上本无事，庸人自扰之／55

短信 9　当一扇门关闭时就走另一扇门／58

短信 10　不要总想着挽回，有时人生需要放弃／61

目 录

第三章 寻求和解——从此与社会握手言和

有人说："当世界抛弃了你，而你又无法改变时，你才有权利抱怨。"然而，面对生活中的种种不如意，我们总是冲动得忘记了考虑自己能否改变现状，只顾着埋怨和愤恨。殊不知，生活就像一面镜子，你对它笑它便对你微笑。如果你总说社会太严酷，那么最终它就真的会对你"严酷"。试着与生活握手言和吧！有时候，包容是改变命运的开始。

短信1　抱怨别人，不如改变自己 / 66

短信2　停止抱怨，催眠冲动的"心魔" / 69

短信3　行动的"马太效应"，感恩的"良性循环" / 72

短信4　坦然面对别人的误解，做自己应做的事 / 76

短信5　非凡的经历才能成就非凡的人生 / 79

短信6　你对生活微笑，生活也会对你微笑 / 83

短信7　学会退让，不要得理不让人 / 86

短信8　善待你的敌人，敌人就会消失 / 90

短信9　给自己一片海阔天空 / 93

短信10　感谢折磨你的人就是在感恩命运 / 97

第四章 | 挑战自我——时时刻刻做自己的主人

　　人走出安逸的"舒适区"时，往往会感到痛苦，因为习惯了过去的生活方式和思维方式，即便内心愿意改变，也可能会在痛苦面前止步。挑战自我、做出改变，着实不易，但真正强大的人不会因此而退却，他会重新认识自己，克服自卑和自傲，就算过程再艰难，也坚持做自己的主人，操控心智，最终超越自我！

短信1　告诉自己"我能行" / 102

短信2　善于挖掘自己的潜力 / 106

短信3　战胜自己就能赢得一切 / 109

短信4　鲤鱼跳龙门：勇于走出你的圈子 / 112

短信5　跨越思想的栅栏 / 116

短信6　不断进取，才能遥遥领先 / 119

短信7　让自己战胜自卑 / 123

第五章 | 经营意志——在社会的磨炼中学会坚强

　　有句话说得好："你若不勇敢，没人替你坚强。"真正的成长，始终是一个人的事。我们必须经受得起生活中的风雨，在跌倒之后忍着伤痛爬起，继续前行。不要给自己找借口，更不要当一个灰溜溜的逃避者，磨炼意志是成长的必修课，更是融入社会必不可少的阶梯。

短信1　在苦难中焚烧，才能百炼成钢／130

短信2　宠辱不惊，没有什么不能坦然／133

短信3　敢于说"不"，更要善于说"不"／135

短信4　永远不要给自己找借口／139

短信5　不逃避，勇敢地担起责任／143

短信6　人生要能够耐得住寂寞／146

短信7　能受教才能进步／149

第六章 | 上下求索——寻找幸福的出口

　　生活总会有卧薪尝胆的时候，谁肯先咽下苦涩的泪水，谁就有希望看到转机，尝到最后的甜果；成功总免不了会有坎坷泥泞的路，谁能坚守信念，谁就能走到最后。现实有残酷的一面，但只要你不断追寻，不断体悟，总会找到幸福的出口。

短信 1　人生总有卧薪尝胆的时候，做一回勾践又何妨 / 154

短信 2　追两只兔子的人，终将一无所获 / 157

短信 3　日复一日地上班，最折磨人也最磨砺人 / 161

短信 4　不要怀疑，坚守自己的信念 / 165

短信 5　只要心中有目标，任尔雨打风吹去 / 169

短信 6　行动起来，不如意就会变成如意 / 172

短信 7　不犯眼高手低的毛病 / 174

短信 8　你希望成功吗？多做一盎司吧 / 178

第七章 补充动力——冲破困扰着你的那层冰霜

很多时候，不是我们无力改变现状，而是缺少一股冲破坚冰的勇气。多给自己一点积极的暗示，多给自己一点赞美和欣赏，让梦想为成功导航，不断为自己充电，点燃身体里那个有着无限潜能的小宇宙，未来一定会比你想象得更美好！

短信1　充满热忱，机会就会上门 / 184
短信2　找到你的工作使命感 / 187
短信3　好好控制你的信念，引爆内心的能量场 / 189
短信4　积极自我暗示，一种神奇的力量 / 192
短信5　自我欣赏，自己给自己打气 / 196
短信6　不做薪水的奴隶，为了梦想而努力 / 200
短信7　不随时"充电"，终究要被"贬值" / 203

第八章 ｜ 自我释然——一切不过是浮云

人活着到底为了什么？名利不过是过眼云烟，烦恼不过是胡思乱想的苦果，面子不过是舍不下的虚荣心，痛苦不过是放不下过去的包袱……生命只有一次，悲欢离合演绎的残酷人生也只是浮云，当我们学会自我释然，看开、看淡之后，便会发觉没什么事情值得我们愤慨不已，没什么东西值得我们痛苦地惦念一生。想开一点，不强求，不贪心，残酷不过是一层迷雾，生活真正的底色依旧是美好和幸福。

短信1　虚浮躁进，无功无利无幸福／210

短信2　冷静一点，不要被怒气冲昏了头脑／213

短信3　摆脱"小跳蚤"，内心自然会清静不少／217

短信4　做最好的自己，率真是生命的底色／221

短信5　在喧嚣尘世中淡定吟唱／224

短信6　当你有了平常心，烦恼也就离你远去了／227

短信7　放下包袱，享受你的旅程／230

短信8　活在欲海之中，想开看开不强求／234

短信9　舍弃虚荣，不和别人争面子／238

第一章

强大内心
—— 有信心就有希望

现实不会为了任何人而改变，更不会因为谁的心灵脆弱而更改游戏规则。这是每个人都必须要面对的事实，也是每个人步入社会必经的成长历程。想要在这个变动的世界中洞悉万物，你必须要强大自己的内心，把生命的意义推向一个更高的境界。

短信 1

自省，让我们的心灵更有力

　　自省是认识自己、改正错误、提升自己的有效途径，自省使人格不断趋于完善，让人走向成熟。一个人只有经常自我反省，才会使自己的认识得以升华，犹如在大漠中听到驼铃，在大海中看见灯塔，其身心才会日渐清净，心灵也会变得更加强大。

　　花瓶里的花，如果不时常换水，再美丽的花也会很快凋谢。其实，我们与花瓶里的花是一样的，置身于纷杂喧嚣、充满诱惑的现代生活中，我们的内心难免会被欲望、抱怨、私心、忌妒等杂念所缠绕，这时，如果我们不经常反省自己，我们的身心就得不到清净，人生也不会淡定、从容。

　　自我反省是一次检视自己、重新认识自己、提升自己的有效途径，只有时刻反省自己，我们的内心才会变得纯净，心灵也会更加有力。

　　有一句话说得好："能够反躬自省的人，就一定不是庸俗的人。"这句话就是在告诉我们，自我反省是一个人走向成熟与成功的必经之路。

　　统治夏朝的大禹有个儿子叫伯启。

　　一次，背叛的诸侯有扈氏起兵入侵夏朝，大禹就任命伯启为统帅率兵抵抗。不幸的是，最后伯启战败了。他的部下对此很是不服，一致要求再与敌人大战一场。

　　可是伯启此时却非常冷静，他心平气和地对部下说道："不用再战了。我的地盘不比对方小，兵马装备也不比他们差，结果我却吃了败仗，这说明了什么问题呢？

"我想，这应该是我的德行的问题，或许是我的品德不如对方的将领，也或许是我教导部下的方法不如他的原因。所以，从现在开始，我要好好检讨自己，努力找出自身的问题所在，等改掉自己的毛病后再出兵也不迟呀！"

从此以后，伯启奋发图强，生活节俭，勤政爱民，每天废寝忘食地工作，尊重并任用有贤能的人才。

一年之后，他的城池和军队比以前强大了许多。有扈氏得知这个情况后，非但不敢再来侵犯，还心服口服地归顺了伯启。

由此可见，无论做什么事，都应该从自身寻找缺点和不足，并努力加以改正，寻求突破，这样才能获得进步，进而把事情做好。

不过，自省的过程是痛苦的，犹如在用锋利的手术刀解剖自己，但只有这样，才能更清楚地看清自己的症结和缺陷，才能清除掉心灵上的污垢。

有一句话说："看清别人容易，看清自己困难。"人往往很难看到自己的短处，很多缺点都是通过旁人的指出才得以知道的。这时，我们就要用一颗平常心来对待别人善意的规劝和指责，反省自己的过失。

日本保险业泰斗原一平在27岁时进入日本明治保险公司开始推销生涯。

当时，原一平穷得连午餐都吃不起，经常夜宿公园或者街头。有一天，他向一位老人推销保险，等他详细地向老人介绍完之后，听到的却是这么一句话："听完你的介绍之后，丝毫不能引起我投保的意愿。"

原一平怔住了。

老人注视原一平许久，接着又说道："人与人这样相对而坐时，一定要具备一种强烈的魅力来吸引对方。如果你做不到这一点，将来就没什么前途可言了。"

原一平听后哑口无言，冷汗直流。

老人又说："年轻人，先努力改造自己吧！"

"改造自己？"原一平疑惑地重复了一遍。

"是的，要改造自己首先必须认识自己，找出自己的不足之处。你在为别人投保之前，必须先考虑自己，认识自己，必须赤裸裸地注视自己，毫无保留地彻底反省，然后才能发现自己的不足。"

原一平接受了老人的教诲，他组织了一个"批评原一平"的集会，目的就是让别人能坦率地批评自己，指出自己的不足和缺点。他为集会订立了三项原则：一、集会要使人人都能畅所欲言，所以人数不能多，以五人为限。二、为了能得到更多人的批评，每次邀请的对象都不能相同。三、是自己主动邀请别人而来，别人就都是自己的贵宾，一定要热诚地招待他们。

一切准备就绪后，他立刻拜访了几个关系不错的客户，并诚恳地对他们说："我才疏学浅，没有上过大学，连如何自省都不会，所以我决定召开原一平批评会，对我的缺点加以指正。恳请您抽空参加。"

这些人觉得这种性质的集会很有意思，并为原一平的诚意所打动，便都很痛快地答应了。

集会上，大家踊跃发言。原一平把大家提出的宝贵意见都一一做了记录，并根据这些意见随时反省自己。

批评会每隔一段时间就会举行一次，而原一平发觉，每次批评会都像是在给自己做一次"蜕变"。经过一次又一次的"批评会"，他把身上一层又一层的"劣皮"剥了下来。随着他身上的"劣皮"被一层层地剥落，他也逐渐在进步、成长。

时间久了，他的业绩直线上升。

原一平在得到老人的指点之后，变成了一个善于自我反省、审视自我的人。通过自我反省，他随时了解、认识了自己的思想、情绪与态度，从而弥补短处，纠正过失，不断完善自我，积极追求进步。

相反，一个人如果不懂得自省，他就永远找不到自身存在的问题，更不会有自救的愿望，一辈子将会一直停留在一个层面上，不会有丝毫的进步和发展。由此来看，自省在完善自我的同时，也成就了一种智慧，是一种力量，它可以改变一个人的命运和机缘，使人达到更高的境界。

古希腊哲学家苏格拉底曾经说过这样一句话："未经自省的生命不值得存在。"其实，自省也并非难事，就像窗户上沾染的灰尘一样，只要"时时勤拂拭"，就能保持明亮光洁。因此，我们在生活中要像每天洗脸刷牙一样，时时刻刻都要反省自我，只有这样，我们的内心才会变得纯净，我们的心灵才会更有力量，进而实现内心的和谐和平静，淡定和从容。

短信 2

人在低谷更应该越挫越勇

生活中没有过不去的坎，只有不愿爬起的人。当挫折来临时，我们应该冷静下来，调整好心态，总结经验教训，给自己勇气，直面挫折，发起再一次的挑战。对于那些能够跌倒再爬起的强者，挫折是上天给予的最宝贵财富，是人生最好的课堂。

纵观古往今来的成功人士，他们的成功之路都不是一帆风顺的，而是充满了荆棘，步步有陷阱，处处有挫折。不过，他们并没有被这些挫折打垮，而是坦然地面对挫折，应付困难，因为他们知道，平坦的康庄大道是培养不出身经百战的勇士的，只有经历过挫折的磨砺，才有可能会取得成功。

没有谁能一步登天，没有人一上台就惊艳全场，俗话说："台上三分钟，台下十年功。"在每一块金牌的背后，在每一个成功者身后，都有一个与困难和挫折斗争的历程。观众只看到他们光鲜亮丽的一面，可殊不知，为了这短暂的一刻，他们付出了多少辛苦与汗水，他们经历了怎样的苦痛与挫折。

法妮·帕斯特是美国著名的电影剧本作家，她的成功之路也并非是一帆风顺的。

1915年，帕斯特只身来到纽约，她希望靠创作致富，并为自己拟订了一个计划。

确立了自己的目标后，帕斯特在此后的4年中，白天工作挣钱，晚上加班搞创作。但是上天并没有眷顾这位执着的女孩儿，帕斯特心中的希望一次次被浇灭，比如出版社曾经36次退回她的同一部书稿，但是即使打击一再降临，她却始终没有放弃，仍然坚持自己的创作之路。

正是因为帕斯特有渴望成功的信念与坚韧的毅力，她终于用4年的时间开辟出了通向出版社的道路。最后，出版社终于采用了她的作品。

帕斯特一举成名之后，她的创作便一发而不可收，随着荣誉到来的还有那滚滚而来的财富。她终于凭借坚韧的毅力与不折不挠的精神，探索到了人生的意义。

诸如法妮·帕斯特一样的成功者还有许多，他们为了实现自己的人生价值或事业有成，凭借坚韧的毅力和不屈不挠的精神创造了辉煌的成就。只有如此，他们才能积累更多的人生智慧，最后绽放出美丽

第一章 强大内心
——有信心就有希望

的人生之花。

人难免会跌落低谷，如果在低谷时打起了退堂鼓，放弃了自己的目标和理想，那就永远不会尝到成功者的滋味；但如果能正视挫折，有了坚定的信念和决心，相信不管多大的艰难险阻，都会顺利渡过，最终取得成功。

有个人很不幸，他在51岁之前，一共经历了12次重大失败和无数的屈辱和打击。但是这个人并没有退缩，而是继续朝着理想坚持走了下去。

1832年，他失业了。

失业后，他决心从政，发誓要成为一名出色的政治家。于是，他竞选了州议员。但不幸的是，他竞选失败了。

竞选失败后，他很是痛苦。但他没有气馁，而是自己创办了一家企业。可上天又不眷顾他，创业不到一年，这家企业就倒闭了，而且他还欠了一屁股债。

为了还债，他不得不四处奔波，历尽磨难。在这期间，他仍旧没有放弃自己的政治梦。这次，幸运之神降临了，他终于成功地竞选上了州议员。

1835年，又一次不幸降临在了他的头上。就在距离他的婚期还不到几个月的时候，他心爱的未婚妻突然离世了。他为此心力交瘁，卧病在床，而且还患上了严重的神经衰弱症。

3年后，当他的身体有所好转后，他又竞选州议会议长。可是，竞选再一次以失败结束。

又过了5年，他又参加了美国国会议员的竞选，仍然以失败告终。痛苦依旧伴随着他。

1846年，他再次参加了国会议员的竞选。幸运的是，这一次他终于当选了。

两年后，他的任期结束了。当他以为自己杰出的表现会赢得连任时，上天却又给了他当头一棒，他又落选了。

不过，他还是没有放弃自己的政治梦，决定申请当本州的土地官员。但州政府却以其才能和智力达不到要求为由，将他的申请退了回来。他又一次失败了。

1854年，他竞选了参议员，失败。

两年后，他又竞选了美国副总统提名，又是失败。

又过了两年，他再一次竞选参议员，还是失败。

失败，失败，再失败……

28年中，他一共遭遇了12次失败的打击。

可是一连串的打击并没有使他退缩，反而越挫越勇。

1860年，幸运女神终于眷顾了他，他当选为美国总统，并最终成为美国历史上最伟大的总统之一。

这个人就是在南北战争中维护了国家统一，为美国在19世纪跃居世界头号工业强国开辟了道路，使美国进入经济发展的黄金时代，被称为"伟大的解放者"的美国历史上最著名的总统——林肯。

林肯当选为总统后，深受美国人民爱戴，他除了政绩卓著之外，其奋斗之路更是激励了一代代的美国青年。为此，美国人民还为他建立了纪念堂。

如果林肯在遭遇一次、两次，或者第十一次失败后就放弃了自己的理想，或许现在的他也只是不为人知的普通人，又怎会登上总统之位，并为世人所称颂呢？因此，我们一旦确定了适合自己的道路，哪怕一路上布满荆棘，我们都应该义无反顾，披荆斩棘，不被灰暗失意的阴霾消磨了意志，不被眼前的挫折所摧毁，凭借坚韧的毅力勇敢地朝着自己的目标坚定地走下去。

大多数人在遭到挫折和失败时，总想着绕道而行或者干脆停滞不前，导致距离自己的目标越来越远，而那些成功者之所以能成为人群中的佼佼者，是因为他们有着支撑他们前行的力量——坚强的毅力和不达

第一章 强大内心
——有信心就有希望

目的誓不罢休的强烈欲望。

有一批登山者，在登山时遭遇了风暴。

其中一位登山者被强风刮倒了，他尝试着站起来，但是在努力了几次之后却都失败了。最终，他屈服了，被永远冰封在了雪山之巅。

另外一位登山者也遭遇到了同样的情况。他丧失知觉后倒在了雪地里，当他清醒之后，立刻意识到自己正面临着生死的抉择。这时候，他心里只有一个信念：我要活着走出去！于是，他强忍着严寒和风暴不停地在雪地里走着。最终，他凭借着自己的毅力走回了营地，保住了性命。

人生之路如同登山之路，人生路上的种种挫折和失败就如同山上一次又一次的风暴，如果在遇到困难之后，像第一位登山者那样在挑战过几次之后，因为没能成功就放弃努力，最终也只能被冰封于雪山中。但是如果像另一名登山者一样，在坚定了自己的信念之后，屡败屡战，百战不殆，永不服输，等待他的一定是风雪过后的又一次重生。

在工作和生活中，挫折和困难时常伴随左右，如果你意志薄弱，向眼前的挫折低下了你高贵的头，那你永远只是个失败者；只有那些拥有毅力的人才是最后的胜利者，他们除了获得事业上的成功之外，更获得了比物质报酬更为宝贵的东西，那就是一种潜移默化的能量。这种能量会伴随他的一生，使他能跨越人生路上的每一道鸿沟，以此来创造更多的社会价值。

短信 3

自卑是职业大敌，自立自强才能后来居上

自卑是心中的魔鬼，我们不能被自卑的阴影笼罩，把"自卑"二字从你的字典里删去吧。驾驭自己的人生，除了自信，还必须有自立自强的能力。不要总是羡慕崇拜别人，而要坚持自我，自立自强，使自己成为内心强大的人，只有这样，我们才能无所畏惧，才能稀释一切的痛苦和哀愁，才能表现出独一无二的特质。

刘墉先生说过："虽然不是每个人都可以成为伟人，但每个人都可以成为内心强大的人。内心的强大，能够稀释一切痛苦和哀愁；内心的强大，能够有效弥补你外在的不足；内心的强大，能够让你无所畏惧地走在大路上，感到自己的思想，高过所有的建筑和山峰！"

但是，并非人人都能成为内心强大的人。

有时候，在我们身旁总有这么一个声音"你不行"。当我们在做出某项决策之前，总会先听听这个声音的意见，听它告诉自己"那些东西根本不属于你"。一遍又一遍，一次又一次消极的声音充斥着我们的大脑，让我们有所畏惧，心烦意乱，进而总是下意识地告诉自己："我不行"、"我不配"、"那些东西本就不属于我"……

其实，这种声音并不存在，它只是你内心虚构出来的一个假东西，这就是自卑在作祟。自卑并不是自己的能力真的不行，而是因为缺乏自信，自认为"我不行"。

相传，两千年前，燕国有一位少年，他家境殷实，不愁吃穿，长得

第一章 强大内心
——有信心就有希望

浓眉大眼，五官端正。

但是他却非常不自信，总是感到事事不如人，低人一等。他总是觉得别人穿的衣服比他的好，别人吃得比他香，别人长得比他好看，别人还比他有气质，别人的站相和坐相都比他要高雅很多。

总之，别人样样都好，自己要啥啥不行。

有一天，他听人说邯郸人走路姿势很美。这一听不要紧，他急切地想知道邯郸人走路的姿势究竟有多美？

于是他瞒着家人，偷偷跑到了遥远的邯郸。

一到邯郸，他觉得哪哪都好，处处新鲜。看到小孩走路，他觉得活泼，他赶紧学；看见老人走路，他觉得稳重，又学；看到女人走路，婀娜多姿，还是学。

就这样，不到半个月光景，他竟然连走路都不会了。最后路费也花光了，只好爬着回去了。

这就是"邯郸学步"的故事。

此少年之所以能有此结果，就是盲目鄙薄自己，一味崇拜别人，生搬硬套所导致，这源于他内心过度的自卑，对自己没有信心的心理。

传说在裁判将要宣布牛即将被选为"生肖"之首的时候，小老鼠大胆一跳，跃上了牛背。人们不禁纷纷赞叹，"好厉害的老鼠"，于是，"鼠"成了十二生肖的领头者。

在千年古树的脚下，我们经常可以看到只有寸把长的小草傲然挺立在那里。它不在乎自己的矮小，不在乎自己生命的短暂和脆弱，只要存活一天，它就不会向大树弯下它那挺立的身躯。

弱小的小老鼠和脆弱的小草尚且如此，我们在比我们聪明、能干和美丽的人面前，为什么要感到自卑呢？不要去羡慕别人的美好和幸运，只要自己自立自强，为自己的目标做出努力，我们会变得更加聪明、能干和美丽。

古希腊著名演说家德摩斯梯尼患有口吃病，说话声音微弱，并且结结巴巴。他在刚开始演说时，经常被人喝倒彩。但他并没有因为这些原因而自卑，始终对自己信心百倍。为了克服口吃病，他每天口含小石子练习，最终成为令人折服的演说家。

美国著名女作家海伦·凯勒，幼年因病成了一个又聋又瞎的小女孩。但她却对未来充满了自信，并自立自强。14岁就学会了多门外语，通晓德、法、古罗马、希腊文学。20岁时考入著名的哈佛大学，后来成为世界著名的大作家。

德国著名天文学家开普勒，4岁时因出天花，长了满脸的麻子，后来又因猩红热，高烧烧坏了眼睛，成了一个高度近视眼。虽然终身被疾病缠绕，但他从未觉得低人一等而失去自信。相反，在贫病交加中，他斗志昂扬40余年，建立了行星运动三大定律，为牛顿发现万有引力打下了坚实的基础。并著有《宇宙的神秘》、《哥白尼天文学概要》、《宇宙谐和论》等主要著作。

这些闻名世界的伟人在自我条件不足的情况下，并没有自卑自弃，而是在逆境中保持自信、自立、自强，最终实现了自己的梦想。

我们在生活中也是如此，如果总是觉得自己不如别人，经常被自卑的阴影笼罩，在遇到困难的时候就会觉得如临大敌，搞得自己手足无措，最后只能以失败而落幕。

刘珊是一个长相中上等的女孩，但她总是喜欢低着头，说话的声音总是低沉无力的，而且总爱时不时地叹气。

原来，刘珊有个年龄相仿的表妹，姐妹俩从小一起长大。从刘珊记事开始，家人总是喜欢将她和表妹进行对比。上二年级时，有一次刘珊考试得了99分，回到家后，家人高兴得对她大加夸奖。然而，表妹却带着100分的试卷回到了家中，家人所有的目光和夸奖又全部转移到了表妹的身上。刘珊立刻有了一种从天上跌落地上的感觉。

第一章　强大内心
——有信心就有希望

直到长大工作后，家人还是喜欢将两人进行对比。家人总是说表妹能力强，会处世；说刘珊马虎，不如表妹。害得刘珊都不敢去亲戚家，就怕他们提起表妹。

刘珊长期生活在自卑中，总觉得什么事情都做不好，以至于都30岁了，还在一家小公司做打字员，收入少得可怜。而且，现在的她都不敢独自上街，总觉得周围的女生都比自己漂亮，都比自己有能力。如果别人多看她一眼，冲她笑笑，她都会觉得别人是在嘲笑自己。

由此可见，过度、长期的自卑不仅会影响到生活的方方面面，而且还会阻碍人格的健康发展。因此，当你做任何事情之前，都要先给自己信心，坚信自己能应对困难，顺利完成。即使中途进行得不顺利，也不要看扁自己，人人都有遇到困难的时候，避免自己被自卑的阴影所笼罩。

为了避免产生自卑情绪，在制定目标时，可以根据自己的具体情况来设立一个适合自己当前进度的目标，经过努力奋斗就能达到，一个目标完成之后，再设定下一个目标。这样做，对自信心的提升有很大的帮助。另外，也可以采取积极的自我暗示法来避免自卑情绪的产生。当你遇到棘手的情况时，不妨用语言对自己进行暗示："别人能成功，我也能成功。"然后针对自己的缺陷，采用以勤补拙的方式和顽强的毅力去克服这些困难。

自卑是心魔，只有摆脱心魔，相信自己，肯定自己，才能找准自己的位置，才会拥有一个有价值的人生。

短信 1

勇于肯定自己，人生没有迈不过去的坎

在生活中，无论遇到什么困难，只要看得起自己，肯定自己的价值，就一定可以战胜苦难与挑战，迈过人生道路上一道又一道的坎，让自己的人生发出钻石般的光芒，创造巨大的辉煌。

漫漫人生路，我们难免会因一时的决断失误或者环境的影响而摔倒、被击垮。这时候，我们也许会丧失斗志，一蹶不振，认为自己分文不值。其实，我们并非一无是处，因为我们从来都没有失去自身的价值。

学会寻找自己的闪光点，将它放大，并勇敢地肯定自己，以坚定的态度去面对眼前的一切困难，我们就会发挥出自己的潜能，让自己的人生再度发挥价值，创造出更为巨大的辉煌。

美国联合保险公司董事长克里·蒙史东曾说过："要祛除内心的迷惘，就一定要肯定自己。"的确，我们在面临巨大的苦难和挑战时，只有肯定自己才能使生命更显完美，才能体会到摆脱困境后那种"闲看庭前花开花落"的宠辱不惊的悠闲，和那"漫随天外云卷云舒"般的轻松。

克里·蒙史东自幼丧父，与母亲相依为命，早早地尝到了生活的艰辛，因此，年幼的他要比同龄的孩子更为懂事，经常外出打零工来挣钱以补贴家用。

也许是困苦的生活锻造了他，蒙史东从小就有极强的进取心，遇到

第一章 强大内心
——有信心就有希望

困难从不会抱怨，也从不叫屈和逃避，他始终相信自己有能力解决这些问题。

一天，克里·蒙史东刚刚走进一家餐馆准备向客人叫卖报纸，却被餐馆老板赶了出来，并且还狠狠地踹了他一脚。但是，年幼的蒙史东并没有哭泣，也没有跑掉，而是轻轻地揉了揉屁股，并安慰自己说："我是最棒的，反正做了又没什么损失！"

之后，他又起身拿起手中的报纸，再次走进餐馆向在场的客人叫卖。客人被他的勇气打动了，便纷纷劝说老板给他行个方便。

结果可想而知，蒙史东那天虽然被踢得很痛，但是口袋里却装满了钱。

上中学的时候，克里·蒙史东开始了自己的保险销售生涯。

刚开始，他也遇到了许多困难，就同当年卖报纸的情况一样，但他依然用那句话安慰自己："我是最棒的，反正做了又没什么损失！"在安慰过自己后，他又鼓起了莫大的勇气，一次次地走进大街小巷的一间又一间的办公室。

终于，克里·蒙史东卖出了一份又一份的保险。

在他22岁那年，他创办了一家自己的保险经纪公司。开业那天，他就在繁华的大街上卖出了第一份个人保险，后来，他曾创下平均每4分钟签一份保险合同的奇迹。

克里·蒙史东曾这样说："我的成功秘诀是'肯定人生'四个字，如果你能始终肯定自己的价值，并以坚定而乐观的态度去面对一切的困难险阻，那么你一定能从中得到好处。"

如果我们在磨难与挫折面前能如克里·蒙史东一样勇于肯定自己，相信不管时境如何变迁，我们都不会败下阵来，最后迎接我们的一定是艳丽的鲜花与雷鸣般的掌声。

现在的很多人之所以总是失败，是因为他们认识不到自己独一无二的地位，不敢做真实的自己，自己都否定了自己，别人又怎会承认你的价值呢？所以，在此我们一定要记住，世界上的每个人都是独特的，每个人都有自己的优点和不足，但我们从来就不是别人的附庸品，只有我们肯定自己，做回真实的自己，相信天生我才必有用，我们必定能找到属于自己的幸福人生。

杰克读高中的时候，学习成绩很差。

一天，校长找到了他的母亲，对她说："抱歉，你的儿子也许不适合读书，他的理解能力非常差，甚至都不如那些比他小很多的孩子。"

他的母亲听后非常伤心，但她没办法，只好将杰克领回家中。

有一天，母亲带着杰克去街上购物，当他们路过一家正在装修的超市时，杰克看到有一个工匠正在超市门前雕刻一件艺术品。杰克对此产生了浓厚的兴趣，他立刻凑上前去，好奇而又认真地观赏起来。

从那以后，杰克只要看到木头、石头等一些材料，必定会认真而仔细地按照自己的想法去打磨和雕刻它，直到它的形状让他满意为止。

母亲见此状况后很是着急，她担心儿子玩物丧志，荒废了学业。

一切都在预料之中，最终，杰克还是让母亲失望了，他未能考上大学。

此时的他在母亲的眼中就是一个彻底的失败者，杰克心里自然也很难过，但他并未消沉，而是决定远走他乡去寻找自己的事业。许多年后，杰克凭着自己的努力和对雕刻的爱好，成为一名著名的雕刻大师。

他的母亲终于明白了，是自己看错了儿子，他并不笨，只是当年她没有把他放到一个合适的位置上而已。

众人的歧视和母亲的失望并没有使杰克误入"我什么都不行"的歧途，他坚信自己的价值和信念，勇于在众人都不看好的情况下肯定自我、追求自我。即使周围的人都为他打上了"劣质"的标签，他也没有怀疑自身的价值，怀疑自己存在的意义。所以，他才会成功。

在我们的生活中，有多少天才就藏在人群中，又有多少天才因不敢肯定自己的价值而埋没了自己，成为平凡的一员？肯定自己，每个人都有令人注目的一面，这与美丑无关，与其他人对自己的看法无关，即使你很平凡，但你同样拥有自信的权利，需要肯定自己。

请记住，不管我们处于高贵的位置或是平凡的位置，我们拥有的都是一颗不平凡的心。无论你是谁，无论你遇到什么困难，只要看得起自己，肯定自己的价值，就一定可以战胜苦难与挑战。相信自己，肯定自己，你也是一颗钻石，只要打磨，你一样会发出耀眼的光芒。

短信 5

我们常因缺乏冒险精神而一事无成

没有风险的人生就是没有收获的人生，想要成功，我们只能冒着风险，勇敢地迎上去。那些面对风险总是望而却步的人，永远都不可能取得傲人的成就。有风险，意味着可能会失败；可是不敢去冒险，永远不可能成功。

人生好比登山，难免道路坎坷。人生好比出海，难免狂风巨浪。人生好像走上战场，难免枪林弹雨；人生好像一本菜谱，难免酸甜苦辣。人生之中不会是一帆风顺，不会是一路坦途，人生之中难免会有风险。

有了风险我们该怎么做？是在风险面前选择逃避，还是迎难而上冲破风险？显然，如果想要成功，我们只能冒着风险，勇敢地迎上去。如果畏惧风险而选择逃避，或是面对风险望而却步，这恐怕就是人生之中最大的风险了。因为，冒险意味着可能会失败，可是不敢去冒险，永远不可能成功，有时候小小的风险会给我们带来巨大的利益，而不敢冒险，却使我们错失良机。

在一个靠种地为生的村子里，有一个特别另类的农夫。当人们都在忙着播种时，只有他整日转来转去，无所事事。

有人对此很诧异，便问他道："你的麦子都种完了吗？"

农夫摇摇头，回答说："没有，我担心天不下雨。"

又有人问："那你种棉花了？"

农夫又摇摇头，说："没有，我担心棉花上会生很多虫子，虫子会吃了棉花的。"

又有人追问："那你种了什么？"

农夫两手一摊，回答说："我什么也没种，因为这样才是最安全的。"

农夫前怕狼后怕虎，什么都不敢做，到最后虽然安全了，但是也不会有所收获。

生活中如农夫一样的人比比皆是，他们在面对严峻的形势时，总是小心翼翼，选择最安全的方式保全自己。殊不知，在他们选择的过程中，就不自觉地转移了注意力，他们不是考虑怎样才能发挥自己最大的潜力渡过难关，而是费心琢磨怎样才能把自己有可能受到的损失降到最低。

一般来讲，那些强者和成功者之所以成为强者，成为成功者，就是因为他们敢于冒险，敢为别人所不敢为。美国传奇式人物、拳击教练达马托曾说过："英雄和懦夫都会有恐惧，但英雄和懦夫对恐惧的反应却大相径庭。"的确，任何领域的成功者，之所以能够成为顶尖人物，正是由于他们勇于面对风险之事。

罗旭刚进入一家公司不久，总经理就在一次会议上叮嘱全体员工："大家都记住了，谁也不要走进我办公室旁边那个没挂门牌的房间。"但他没解释为什么。

第一章 强大内心
——有信心就有希望

员工们都点了点头，表示都记住了总经理的叮嘱。

可是罗旭不明白这是怎么回事，便问道："总经理，这是为什么？"

"没有为什么。"总经理满脸严肃地答道。

散会后，罗旭还在不解地思索着总经理的叮嘱。

周围一个老员工见他一脸茫然，便凑过来劝他，说："别瞎操心了，这规定总经理早就说过很多遍了，这次是专门告诉你们这些新人的。谁也不知道那个办公室里面有什么，也许是公司机密吧！"

但是罗旭还是忍不住去想，最后决定非要走进那个房间看看。

他轻轻地敲了敲门，没有反应，再轻轻一推，门竟然没锁。他走进房间，只见房间里只有一张桌子和一张长沙发。干净的桌子上只放着一个纸牌，上面用红笔写着：把纸牌送给总经理。

罗旭拿着纸牌走了出来，在门外候着他的那个老员工看到纸牌后，劝他赶紧放回去，以免总经理斥责，并告诉他会为他保密此事。

但是罗旭并没有听从老员工的话，而是转身走向一边的总经理办公室。

当他将那个纸牌交到总经理手中时，总经理当即宣布了一项惊人的决定，"从现在起，你就是咱们公司的销售部经理了。"

罗旭一脸茫然，问道："就因为我把这个纸牌拿来了？"

总经理充满自信地说："没错，我已经等了有一年了，你是第一个送来纸牌的人。公司需要敢于冒险的人，我相信你可以胜任这份工作。"

罗旭是幸运的，但他首先是大胆的，敢于冒险的。正是因为他大胆的冒险，才得到了这次机遇。相信他在以后的工作中，也会敢于冒险，主动出击，最终必会获得成功。

但是，创业毕竟不是赌博，创业家的冒险，迥异于冒进，他们的"冒险"不同于"鲁莽"，二者是有本质区别的。将自己一生的积蓄孤注一掷，投入一项引人注目却有可能倾其所有的冒险行动，这就是鲁莽的举动。而冒险是要建立在科学分析、理智思考和周密准备的基础之上，在有60%以上的把握时所采取的当机立断，大胆的行动。

尚武是个其貌不扬的南方小伙，单从他的外貌上来看，一般人很难会将他与成功企业家联系起来，但是他的确是一位成功者——一家建筑工程公司的老总。

有段时间，公司资金出现了极度短缺，尚武却毅然拍板买回来29台各种型号的塔吊。公司高层为此很是不解，因为这种大气魄的投入，在全国同行业中也是极为罕见的。

但尚武却运筹帷幄，而结果也在他的预料之中，29台塔吊全部运转，给公司带来了巨大的经济效益，年产值突破了1亿元，利润达到近3000万元，令人赞叹不已。

不过，尚武并没有只停留于此，他在成功盘活了建筑公司后，又打出了一套漂亮的组合拳：组建了石膏板线厂、大理石制品厂等八家边缘实体公司，并以质优价廉的品质迅速占领了市场，成为当地规模最大、品种最全的建筑企业。

尚武的成功不是偶然的，而是必然的。他凭着宏大的气魄和长远的眼光对市场进行过周密的分析研究后，大胆地进攻，因此才在"大赌"后创造了一个又一个"大赢"的奇迹。

茫茫世界风云变幻，漫漫人生沉浮不定，未来的路上总会有深一脚浅一脚的风险，但是如果害怕风险，将功成名就的事情推给别人。那么，等别人披荆斩棘夺得成功的时候，你仍然只会在原地踏步走，久而久之，还会被这个飞速发展的社会所淘汰。如果不想被淘汰，如果想跟得上时代进步的速度，我们就必须敢于冒险，勇敢地迎向人生中的风浪，这样我们才会成长，才有可能冲破风险，开创出属于自己的一片崭新天地。

第一章 强大内心
——有信心就有希望

短信 6

学学"阿Q精神",为自己打开"心门"

遭遇人生中的各种复杂场面时,那些从容淡定、潇洒自信的人,通常会像阿Q一样,在任何情况下都能自己安慰自己,为自己打开"心门",从而不仅能在尴尬中自找台阶下,而且还能活跃谈话气氛。

鲁迅在其中篇小说《阿Q正传》中塑造了一个阿Q的形象,这个人无论遇到多么不顺心的事,他都会编造各种理由来安慰自己。跟人家打架吃了亏,他心里却想:"我总算被儿子打了,这个世界是怎么了?儿子居然打起老子来了。"当他被拉去杀头时,他便觉得"人生天地之间,大约本来也未免要杀头的。"

总之,阿Q"永远是得意的",永远是"胜利者"。

阿Q精神本是一种自欺欺人的表现,不过现在多以阿Q精神来泛指"自我解嘲"之意。所谓自我解嘲,是指用言语或行动不失幽默地拿自己的失误、不足乃至生理缺陷来"开涮",也就是自己嘲笑自己,最后再巧妙地引申发挥、自圆其说。

之所以说阿Q精神可贵,是因为阿Q精神表现了人性豁达、大度的一面。人的一生总会碰到这样那样的尴尬场面,有些人会难以应付而变得情绪低落,对别人关闭自己的"心门";但是如果此时能学学阿Q,用一种幽默风趣的自嘲来安慰自己,相信他们一定会从中得以解脱。

相传,古代有个石学士,他在一次骑驴时不小心摔落在地,在场好多人都看到了他囧的一幕。若是一般人碰到此类情况,一定会脸红满面,不知所措。可是这位石学士却不慌不忙地站起来说:"幸亏我是石学士，要是瓦的，我还不摔成碎片呀？"一句自嘲，逗得在场的人捧腹大笑。自然，这石学士随着这笑声免去了难堪。

诸如上述案例中的情况，想必人人都会偶遇，那当你不慎在人前蒙羞，遭遇尴尬的处境时，你会像他们那样从容淡定，拿自己"开涮"吗？

诚然，这样的做法并非人人都赞同，但是我们要知道的是，在这样的场合中，如果能像阿Q一样自嘲一番，不仅可以使你从容地摆脱窘境，为自己找到了台阶，同时还为自己打开了"心门"，而且还产生了幽默的效果，活跃了谈话的气氛，拉近了双方的距离。

一位教师，虽然只有40多岁，但头发大多掉光了，而且头上的那一大块"不毛之地"还锃锃发亮。因此，常有一些淘气的学生在背后喊他"秃顶老师"。后来，他索性公开在课堂上向同学们讲明了因病而秃发的原因。最后，他还附加上了这么一句自嘲语："头发掉光了没有什么不好啊，以后我上课时教室里的光线可就明亮多了。"同学们听后哈哈大笑，不过这不是嘲笑，而是友好的笑声。从此之后，再也没有人喊他"秃顶老师"了。

这位教师没有因为自己身上的缺点自怨自艾和故意逃避，而是坦然地面对自身的缺点，并对自己的缺点进行了此番妙趣横生的自嘲。显而易见，此番自嘲不但没有让他失面，相反，还让同学们觉得他和蔼可亲，对他更加尊敬和喜欢了。

自嘲除了能助你从尴尬的窘境中脱身之外，在你心灵受到创伤之时还有"疗伤"的功效。当不幸或灾难降临时，自嘲能帮你抚平心灵的创伤，从而让你积极地面对困境，战胜困难和灾难。

邢珊绝望极了，原本幸福的三口之家因为丈夫的出轨而解散了。刚离婚时，邢珊整天躲在家里以泪洗面，夜里睡觉都会哭着醒来，每天都好似大难临头一般。

直到有一天照镜子的时候，她发现自己的眼角居然出现了细纹，额前竟有了几根白发。才刚刚30出头的邢珊一下子清醒了，发誓一定要改变自己。

可是这样的过渡期是最难熬的，往日温馨的三口之家现在变得如此冷清，她怎能一下子扭转过来？为了振作自己，她在一本日记本上，写下了这样的文字：

现在多好呀，我再也不用每天为你做饭洗衣服了，再也不用问你想吃什么而按照你的口味做饭了，也不用半夜等你回家，担心你在外面喝多少酒了，现在的我自由自在，早上可以睡到自然醒，白天可以去逛街为自己买衣服，晚上参加朋友的聚会再晚也不怕了……

离婚没有什么不好，早日看清你还省得浪费我的青春呢，我可以再去邂逅我的另一份爱情。我的新生活开始了，我觉得我好像凤凰涅槃一样在浴火中获得了重生。我现在还要感谢离婚呢，否则我怕我这辈子都不能这么好好地去享受生活了。

邢珊能对离婚的悲痛进行自嘲，说"离婚没有什么不好"，"要感谢离婚"，很显然她正在试图跳出离婚的苦痛。这种自我嘲笑实际上就是战胜了悲痛。

由此可见，自嘲已然成为了一种很高的语言艺术，在适当的场合自嘲一番，既展示了自己潇洒自信的做事态度，又彰显了从容豁达的做人态度，还能够使我们摆脱悲痛，活得轻松洒脱、逍遥自在。

但是，需要指出的是，自嘲时要超脱，不要觉得自己犯了愚蠢的错误而尖刻地嘲笑自己，让自己出洋相，让自己感到屈辱。正确的自嘲应该是内心充满爱地去嘲笑自己，这样就会达到我们想要的结果，我们就不致顾影自怜。

短信 7

"不可能"——你的字典里没有这句话

一个人有多大的信心，就会有多大的才能施展平台。事情一开始谁都不知道结果会怎样，删除你字典里的那些所谓的"不可能"，只要行动起来，尽己所能地努力付出，迎接我们的就是绚烂与辉煌。

当一项新的任务和挑战摆在眼前的时候，我们千万不能被眼前的困境所蒙蔽，担心自己做不好，抱怨领导给的任务太繁重，怀疑自己的能力，让"不可能"成了我们向各种障碍低头的"合理"解释。

如果一个人潜意识中总是认为自己不行，就说明他的内心完全被消极的思想所占据了，他没有足够的自信心去面对困难。因此，即便他具有战胜困难的潜能，也会因为没有自信而无法激发潜能，结果也终将失败。

再看看生活中的那些勇者，他们从来不会说"不可能"，即便是面对再大的困难，他们也从不退却，从不抱怨，他们会用高涨的激情和积极的思想，高喊"我能行"的口号继续前进，百折不挠。也正是因为这十足的信心，才使得他们将别人口中的"不可能"一一变为"完全有可能"。

方霖的命运十分坎坷。

小时候，他因为一场车祸变成了残疾儿，从此只能用拐杖代步。上中学时，因为家境贫困，虽然他成绩优异，但也只能被迫辍学养家。

可是，一个身有残疾的小伙子连生活都很困难，他又能做什么样的工作呢？

一开始，方霖与几个老乡一同进入了广州一家电子厂上班，但是他

第一章 强大内心
——有信心就有希望

根本赶不上传送带的节奏，尽管每次都忙得满头大汗，可与其他的同事们相比，他的效率永远是最低的。

一个人效率低，整体效益自然也会受到影响。为此，领导对方霖很是不满，同事们也经常埋怨他。甚至有人当面讽刺方霖："就你这样还出来打什么工啊？我要是你的话，就回家领点低保，靠着那点小钱凑合过日子了！"

对于别人的冷嘲热讽，方霖没有恼怒，也没有抱怨，他知道的确是自己拖累了同事。不过，他也没有就此放弃，而是每天都早出晚归，加班加点，甚至以厂为家，把所有的心思都放在研究技术和工作要领上，他要用实际行动证明自己能够做好这份工作。

功夫不负有心人，时间久了，方霖的努力也终于开花结果了，他的工作越做越好。年底时，他还被评为了"年度最佳员工"，不仅受到了嘉奖，还被提升为车间主任。

不过，方霖并没有为这样的成就而停滞不前，相反，他在以后的工作中更加努力了，做什么事都总是身先士卒，得到了上司的欣赏和下属的尊敬。

两年之后，方霖被提升为副厂长。

一个人有多大的信心，就会有多大的才能施展平台。方霖虽然只是一个无名小卒，而且身有残疾，但与常人不同的是，他坚信自己不比正常人差劲，他信心十足，勇往直前，不断超越，最终成就了自己。

"不是因为有些事情难以做到，我们才失去了斗志，而是因为我们失去了斗志，那些事情才难以做到。"这是张瑞敏说过的一句话。事实也确实如此。很多伟人也并不是生来就高人一等，他们和其他人一样站在同一条起跑线上，可是为什么他们就能成功呢？原因很简单，在他们的字典里没有"不可能"这三个字，他们怀着必胜的信心，并主动地展现了自己的能力，最终才取得了辉煌的成就。

1945年，瑞典人根德尔·哈格在4分01秒4的时间内跑完了一英里。在此后的八年里，没有人能够超越他创下的成绩，无数人都渴望完成一个看似不可能完成的目标：在4分钟内跑完1英里。

在这八年中，就读于牛津医学院的罗杰·巴尼斯特发誓，自己要成为第一个突破4分钟极限的人。

罗杰·巴尼斯特非常自信，他坚信自己能够做到。确定好目标后，他便利用他的医学知识独自训练着，不断地提高跑步速度。

1954年5月6日，随着一声枪响，罗杰·巴尼斯特疾速"飞"了出去，最终打破了那个4分钟的"极限"。当他冲过终点线时，比赛现场的广播员激动地喊道："新纪录诞生了，新纪录诞生了，这是欧洲纪录，也是世界纪录，时间为3分59秒4。"

田联主席拉米·迪亚克亲眼目睹了这一激动人心的时刻，他同样激动地说道："用3分59秒4的成绩跑完1英里真是太不可思议了，巴尼斯特是人类突破自身极限的永恒象征。"

当晚，罗杰·巴尼斯特出现在伦敦电视台，对于自己的成就，他淡然地说道："人类的精神就是永不服输的精神，我相信我能。"

罗杰·巴尼斯特的那句"我相信我能"正是他打破世界纪录的秘诀，他的那份自信就足以令其他人甘拜下风，再加上他不畏艰苦的训练，世界冠军的头衔又怎会花落别家呢？

因此，以后不要再说：

"我什么都不会，怎么会挣到大钱呢？"

"我的专业不对口，那份工作不适合我。"

"我长得不漂亮，别人怎么会看上我呢？"

……

我们要相信思想家爱默生说的那句话："相信自己'能'，便攻无不克。"

用积极的眼光看待世界，用潇洒自信的态度去看待那些困难和险阻，不要以为自己"不可能"，世界上没有"不可能"。要时刻充满自信，不要被困难吓住了前进的脚步。只要坚信没有什么不可能，一切就变得有可能！

短信 8

坦然接受自己的缺陷，生命会更精彩

有缺陷没什么可怕的，可怕的是我们表现出一副灰心丧气的样子来，热情与欲望就会被有意无意地压制封杀。不要因为身上的缺陷而自暴自弃、悲观厌世，而是要学会坦然接受，淡化心中的烦恼，当我们平心静气地看待自己时，有所作为的心灵行动才会开始，生命也才会更加精彩。

也许，你还在因为自己比别人矮而自卑；也许，你还在为自己没有健美的身材而气愤不已，也许，你还在因为自己某方面的缺陷而自怨自艾……这时的你，一定是垂头耷脑，毫无生气，对未来丧失了信心和勇气。

其实，完全没必要如此。"金无足赤，人无完人"，每个人都不是尽善尽美的，上天对每个人都是公平的，他绝不会把所有的好处都给一个人。给了你姣好的容貌，就不会给你过人的智慧；给了你荣华富贵，就会将健康带走；给了你聪明的才智，那么你的身材或者家境就会苛刻一些……因此，才会有人说：这个世界上所有的缺陷都是被上帝咬过一口的苹果。

的确，人人都"被上帝咬过一口"，就连那些世界著名的天才俊杰也是如此。比如，失明的文学家弥尔顿，失聪的大音乐家贝多芬，不会

说话的天才小提琴演奏家帕格尼尼……

有缺陷并不可怕，可怕的是我们因为身上的缺陷而自暴自弃，悲观厌世。这样的话，我们的热情与欲望就会被压制封杀，内心的潜能也就很难被激发出来。但是，如果我们能坦然接受这些缺陷，平复心海浊浪，淡化心中的烦恼，平心静气地看待自己，那么我们有所作为的心灵行动才会真正开始，我们的生命也会更加精彩。

小富兰克林·罗斯福天生说话结巴，而且含糊不清，也许是因为这口吃毛病，导致他做什么事情都紧张，每当有人与他说话时，他的脸上总是表现出极为惊恐的表情，而且全身还会发抖。

和他一样大的小朋友如果遇到这种情况，定会把自己封闭起来，不会与别人接触，拒绝参加各种活动，整天唉声叹气，郁郁寡欢。但是，小罗斯福却没有这样做。虽然天生口吃、容易紧张，但是他还是会积极地和大家在一起玩耍，即便是同伴们嘲笑他，他也会不以为然。每当别人笑话他时，他都会坚定地对自己说："只要我努力咬紧牙关，争取不抖动，我相信，不久我就会不紧张了！"当恐惧产生时，他都会对自己说："我一定能行！"

渐渐地，他终于克服了自己的这些生理缺陷，并且凭着他对自己的这种奋斗精神与自信，最终当上了美国第32任总统。

对此，他说："交朋友是一件极为快乐的事情，只要我用快乐的态度与人交往，即便本身的外在形貌再差，人们也仍然会愿意与我交往的。因为每个人都喜欢快乐，不是吗？"

罗斯福的成功就在于他在面对其天生的缺陷时，并没有陷入悲伤之中，也没有因为别人的嘲笑而将自己封闭起来，而是将缺陷转化为奋斗的动力，最终，他实现了常人难以实现的愿望，收获了成功和快乐的阳光。

不要因为身上的缺陷而自甘堕落，封闭自我，人人都有自己的生

第一章 强大内心
——有信心就有希望

活,除了你自己,没有人会刻意注意你的缺陷。相反,如果你心中充满自信,自身的缺陷有可能会成为你成功路上的幸运石,你收获的将是比其他人更珍贵的果实。

有这样一位女孩,她一直渴望成为明星。可惜,她长有一张大嘴,而且有着厚厚的嘴唇,还有一口龅牙。在外人看来,她的这般长相与明星的标准相去甚远。

当她第一次在夜总会里演唱时,她总担心自己的龅牙会影响观众对她的印象,所以就想方设法地想用她的上唇遮掩她的牙齿,希望观众不会注意她的龅牙,而去专心听她的歌唱。结果却适得其反,台下的观众看着她滑稽的样子,不禁大笑起来,女孩唱不下去了,只好红着脸走下了台。

现场的一位观众觉得她很有歌唱才华,便找到她对她说:"刚才我一直在专心观赏你的表演,其实你的歌声很美丽,但我看得出来你在有意掩饰着什么,你是不是害怕别人注意到你的龅牙?"

女孩听后,不好意思地点了点头。

那位观众接着说:"龅牙算什么?你放心,没有人会在乎的,说不定它还能够给你带来好运呢!"

女孩决定听从这位观众的忠告,以后再也不掩饰自己的龅牙了。后来,每当她唱歌的时候,她就尽情地把嘴巴张开,把所有的精力都专注于演唱中。最后,她成功了,甚至有很多喜剧演员都争相模仿她唱歌的模样。

这个女孩就是后来在影视及广播界享有盛名的双栖红星——凯茜·桃莉。

诸如凯茜·桃莉的人还有很多,像双目失明的聋哑人海伦·凯勒、下半身瘫痪的张海迪等,她们在不幸面前,没有气馁,更没有悲观,而是利用自己有限的资源,最终实现了自己的人生价值。面对自身的缺陷，你还认为自己很不幸吗？只要坦然地接受上天给予的这一切不幸，乐观地面对缺憾，它不仅不会成为阻碍我们前进的"绊脚石"，而且还会变成我们奋进的动力。

　　事实上，当你从容淡定、豁达乐观地面对自身的缺陷时，你会发现那些缺憾也不失为人生的另一种完美。就像世界闻名的断臂维纳斯一样，不正是"缺憾"成就了它的经典吗？因此，只有勇于接受这改变不了的事实，并信心十足地去打拼，我们的生活才会更加阳光，我们的人生才会更加精彩。

短信 9

从形象入手，自信的人都是美丽的

　　无论多大年龄的人，都希望自己是美丽的、潇洒的，一个好的外在形象不仅会让我们自己心情愉悦，还能使周围的人对我们产生好的印象，这无疑可以增强我们的自信心。从现在开始，从形象入手，培养你的信心吧！

　　在我们的身边，总有一些人会因为先天的"硬件"——相貌或者身材有所局限，而在工作或者人际交往上，常常容易处于弱势的一方，得不到他人的青睐，客观上给生活、事业成功带来了障碍。

　　其实，社会上因为受外在形象的影响而不够自信、徘徊于成功边缘的人大有人在。但遗憾的是，绝大多数人却没有意识到受羁绊的根源所在，更没有意识到改变形象是有助于突破这一瓶颈的有效途径。

　　个人形象真的有这么玄妙吗？

第一章 强大内心
——有信心就有希望

英国反对党领袖伊恩·邓肯·史密斯接受了某电视台记者采访。

那天，伊恩·邓肯·史密斯穿着一套颜色暗淡的西服，而且西装的尺寸偏大，给人一种松松垮垮、死气沉沉的感觉，而在抨击对手托尼·布莱尔首相及其政党的政策时，他目光下垂，语调呆板，毫无生机，表现得有气无力。

电视台刚播出这段录像没几分钟，就收到了很多观众的电子邮件及电话录音，大多是指责伊恩·邓肯·史密斯的声音："他看起来根本就不像个英国首相"、"难道保守党再找不到别人做领导者吗"……

伊恩·邓肯·史密斯因形象问题而引起了民众的不满，最终以75票支持、90票反对未能通过议会议员的信任投票。

伊恩·邓肯·史密斯有这样的结果其实也都在意料之中，因为一个国家的领导人就要有王者之气，而他的形象看起来就不像是个可塑之才，自然大家都会觉得他不够自信和可靠，质疑他的能力。如此一来，他自然也就失去了竞争的优势。

所以，要想成为真正的成功者，首先就要拥有一个完美的形象，这是建立自信的基础。只有拥有一个好的形象，周围的人们才会对你刮目相看，竞争者也会被你的形象所震慑，最重要的是你的自信也在无形中得到增强。这时，你就可以满怀自信地去"征战"成功了。

郝莎是一家传媒公司的市场部经理，她是一个才华横溢、口才极好的女强人，但是刚刚涉足这一行时，她并不是如此地干练，当她面对对手唇枪舌剑的激烈争辩时，总显得茫然无措，有些底气不足，办事也不够利落。

关于以前的表现，郝莎如是说："形象的作用真是不容小觑。以前的我总是一身单调的灰色职业装，再配上一头冗长的头发，这样的装束让我在谈判的关键时刻备感压抑，一遇到强大的对手时，我就会不知所措地紧张，这真是一件恼人的事情。"

后来经朋友介绍，郝莎认识了一位形象设计师。

　　设计师在得知郝莎的苦恼后，坚持要让她剪掉蓄留多年的长发，郝莎最后听从了朋友和设计师的建议，将长发修剪成了利索的短发；在设计师的专业指导下，郝莎又换上了一身庄重并富有朝气的高档套装。

　　设计师对郝莎说："你之所以缺乏自信，源于先前大众化的外在形象抑制了你更高标准的追求，以及降低了你作为一位企业领导人形象的权威度。所以，我才要从你的形象入手，让你的形象与你的能力、地位相吻合，我相信，这样就能激发出你被压抑已久的潜能。"

　　果真，经形象设计师的设计后，郝莎信心百倍，每次都能以优雅干练、精神饱满的面貌出现在谈判场上，她总是能自信地阐述自己的想法，坚持自己的立场，游刃有余地坚守底线。而对手在这么一位女强人面前，只能屈服地顺从。

　　一个人，不管年龄大小，是女人都是美丽的，是男人都是潇洒的。穿比实际年龄小5岁的服装；换一个时髦、干练的发型；走路时，步伐加大15厘米，并且加快速度；说话声音再大20分贝，热情地与旁人打招呼……如此下去，慢慢地，你的自信心就会不断增强，这也标志着你已经开始建立自信的新形象了。

　　查尔斯·狄更斯说过："无论做什么，保持你的外形。"领导学形象专家乔·米查尔也曾说："形象如同天气一样，无论是好是坏，别人都能注意到，但却没人告诉你。"的确，一个好的形象，可以让你看起来像个成功者。看起来像个成功者，无形之中就增强了你的自信，你会在潜意识里承认自己是个成功者，从而会学着像成功者一样思考、一样行动，还可以比较容易地获得别人的认可。

　　为了实现成功者的目标，那就从现在开始，从形象入手，培养你的信心吧！

第二章

删除纠结
—— 社会是你成功的羽翼

当手机里存满信息时,我们会毫不犹豫地按下删除键,让内存归零。面对生活,如果我们也学会随时按下删除键,或许人生的烦恼会减少很多。当感到背负不动的时候,不如把失败、压力、悲伤、寂寞、烦恼统统清空,唯有心轻如燕,才能冲上成功的云霄。

短信 1

别在过去的失败里驻足

不要为打翻的牛奶而哭泣！过去的已经过去，忘记曾经的失败，认真地过好每一天，从每一件小事情中去寻求小快乐，生活一定会更加充实。而那些过去失去的快乐，迟早还是会回到你的身边。

花开一季，草木一春，人生在世，谁都想让此生了无遗憾，谁都想让自己所做的每一件事都永远正确，从而达到自己预期的目的。可人非圣贤，孰能无过，没有谁能预知天意，把事情做到滴水不漏，万无一失。做了错事，走了弯路之后，我们都会后悔，这是人之常情，是一种很正常的自我反省。但是，如果我们总是活在悔恨里，活在惭愧和自责里，那我们就会停滞不前，甚至有可能毁掉我们的一生。

一位哲人说："未来的种子也深埋于过去的时光里，如果你不能正视自己的过去，很难让你的现在和未来开花结果，这可能会导致更多更大的不幸。"过去的事情已经发生，它已随着流逝的时光消逝，再也找不回来了，它代表不了现在，更代表不了未来。所以，我们无须为过去的失败而悲伤，无须深陷在过去的失败里不能自拔，因为再怎么悲伤，再怎么自责都是于事无补的。

保罗博士是美国纽约市一所著名中学的教师，他在任教期间发现了一个问题：班上有些学生平时学习很用功、很刻苦，但是每次的考试成绩却都不太理想。

后来，他仔细观察了这些学生，发现这些学生有一个共同点：他们经常会为过去的考试成绩感到不安，从而经常生活在过去考试失败的阴影里。只要有一次考不好，他们就会深深地自责，以致影响了下一步的学习。有些学生更为严重，他们从交完试卷的那一刻就开始为自己的成绩担心了，总害怕自己不能及格。

为了开导这类学生，保罗博士给他们上了一堂难忘的课。一天，保罗博士把这类学生聚集到一间教室，把一瓶牛奶放在讲课桌上。

学生们对博士的这一举动很是不解，不知道这瓶牛奶与自己所学的课程有什么关系，于是便静静地听着他讲课。

忽然，保罗博士"噌"地站了起来，一巴掌将那瓶牛奶打翻在地上，并大声喊道："不要为打翻的牛奶哭泣！"讲台下的同学们看到这一幕，都被震住了。后来，保罗博士把所有的学生都叫到讲台这边，让他们围拢到洒满牛奶的地方仔细观察那破碎的瓶子与淌在地上的牛奶。

博士看着同学们，一字一句地对他们说道："同学们，你们仔细看看，现在牛奶已经淌光了，无论你再抱怨、再后悔都没有办法取回一滴。我们要是在事前想一些预防的措施，那瓶牛奶还可以保住，但是现在却晚了。我们现在唯一能做的就是尽快地将它忘却，然后专心去做下一件事情。我希望你们永远能够记住这样的道理！"

保罗博士的这堂课，让学生们学到了课本上从未有过的人生道理。

无论你多么悲伤，牛奶也不可能再回到瓶子里，所以，"不要为打翻的牛奶哭泣"。

生活也是如此，过去的岁月不可能重复，过去的事情不可能更改，过去的一切都已经成为历史。与其沉浸在过去的悲伤里，还不如抓紧时间，从过去的错误中汲取教训，在以后的生活中不要重蹈覆辙，设法改变以前所发生事情产生的后果。

而唯一能使过去的事情变得有价值的办法就是：以平静、理智的心态分析当时自己所犯的错误，然后从错误中汲取教训，随后再将这种错误忘掉。

过去的再也找不回来，再也不能回到现在。为过去哀伤，为过去遗憾，除了劳费我们的心神，分散我们的精力之外，并不会给我们带来一点好处。

周锦曾经是某市有名的小天才，早在小学时，就凭借着超乎常人的智慧，获得了华罗庚奥数竞赛冠军，每次市里的考试，她都能稳居全市前五名。然而现在的她却是一家小型家具厂的临时工。

为什么小天才最后的结果会是如此呢？原来，这所有的一切都源于周锦的一次高考失利。

2003年，周锦第一次参加高考。周锦对未来信心百倍，学校老师也一致认为她能考上名牌大学。可谁知，在第一场语文考试时，由于在前面的知识题上耽误的时间较多，结果作文还没写完就到了交卷时间。这无疑是给了周锦当头一棒，导致她心智大乱。

接下来的几门考试，周锦也都因为语文考试的影响而过于烦躁，考得都不是特别理想。

高考结束后，周锦知道自己这次肯定与名牌大学无缘了，她心里难过极了。成绩公布后，虽然她的成绩没有上重点线，但仍轻松超过了二本线。

可是，抱负远大的周锦没有选择上大学，而是决定重新复读。第二年高考又到了，不过在考语文时，周锦又想到了去年的那一幕，她的心态又出现了波动。在这种情绪的影响下，她的语文又没考好，接下来的几门考试，她又因为语文考试的失利而担心害怕。自然，这一年的考试，她又失败了，而且成绩下降不少，还不到三本线。

第三年……

第四年……

眼看着以前的同学有的都快大学毕业了，她却依然在高考中苦苦挣扎。

终于，周锦再也扛不住压力了，在第五年高考失利后，选择了一个技校就读。

当年那个风光无限的高才生，因为一次失误，消失在了人们的视线之中。

周锦的失败，就在于她活在过去的失败里，以至于影响了自己的心态，导致自己一次又一次地失败。其实，人的一辈子谁没有碰到过挫折呢？"往者不可谏，来者犹可追。"既然已无力挽回，我们为什么还要死死地钻进过去的痛苦里，为什么不能坦然面对呢？

不纠结于曾经的失败，我们就可以给自己一个快乐的情绪。事情发生了，我们就要学会思考为什么会发生这些事情，以后就要努力改善自己，只有积极地努力向前看，才能在下次打个漂亮的"翻身仗"。不要说"我做不到"，当下的一切是完全掌握在你自己手中的。

有句话说得好："我不能左右天气，但是我可以改变心情；我不能改变容貌，但是我可以展现笑容；我不能控制他人，但是我可以掌握自己；我不能样样胜利，但是我可以事事尽力；我不能决定生命的长度，但是我可以控制生命的宽度；我不能改变过去，但是我可以利用今天。"

确实如此，外界的事物左右不了我们什么，重要的是我们当下的心态。面对那些不堪的过往，一个聪明人不会徘徊在过去的错误里，他会珍惜眼前，展望未来，重新获得那失去的快乐与成功。

短信 2

放下压力，增加心灵的"弹性"

适当的压力可以促人奋发图强，激发潜能，成就梦想。但是压力超过一定限度的话，我们便会被压力压垮。适当地放下压力，我们就能从容不迫、游刃有余地张弛命运之簧，弯而不折，曲而不断。

随着现代社会的竞争日益激烈，人们的工作和生活压力也越来越重，物价上涨飞快，而工资却原地不动；年龄越来越大，面临着失业的危险；儿子要结婚了，但是没钱买房……人人都在抱怨："压力大呀！"

因此，很多人都会感觉活得越来越压抑，越来越没有自己的空间，不仅身体健康受到了威胁，而且情绪也变得暴躁不安，低落不振，我们身边的"高压族"人群越来越多。而这些势必会严重影响到我们的工作效率和生活质量。

姜宁是某知名公司的管理人员，他在公司领导的眼中是个办事麻利，工作能力极强的好员工；而在下属的眼中却是脾气暴躁，不够宽容，做事手段太强硬的严厉领导。

为什么一个人在公司不同阶层的人之间的评价会有如此不同呢？

原来，只要是领导下达给姜宁的工作任务，他总能够提前完成。因此，他总是能得到领导的表扬和赞赏。但是，为了提前完成工作任务，他对下属的要求却是十分苛刻的，明明需要三天才能完成的任务，他却要坚持要自己的下属在两天内就完成。为此，他经常要求自己和下属加班加点，如此一来，他不仅把自己搞得焦头烂额，也使他手下的员工忙得手忙脚乱，不可开交，精神压力甚大。

另外，但凡哪个环节出了问题，拖延了时间，姜宁不仅会大发雷霆，而且还会扣除相关员工的奖金，下属们为有这样的领导而苦不堪言。

对于这样的工作状态，姜宁也十分苦恼，他说："我也不想把大家搞得那么紧张，但是现在的竞争这么激烈，不能高效率工作就会被淘汰，所以我们只能加快速度。其实，我平时的工作压力更大，头痛、失眠、焦虑经常伴随我左右，而且我经常还会莫名其妙地发脾气，时常处于焦虑之中。我活得更累！"

姜宁为了在事业上能有所成就，给了自己过度的压力，以至于让自

第二章 删除纠结
——社会是你成功的羽翼

己陷入极度紧张、苦闷和暴躁的情绪中。面对压力，他很少想这么努力地工作究竟是为了什么，他被压力蒙蔽了双眼，忘记了忙碌的初衷，如果长期这样下去，他将会得不偿失。

如果你仔细观察的话，不难发现在我们身边有许多生活得轻松自在的人，这些人不仅生活愉悦，而且还事业有成。难道他们就没有压力吗？答案是否定的。他们和我们一样生活在同一个竞争激烈的社会，他们面对的压力并不比我们的压力小，但是他们能时刻保持一颗冷静的心，懂得释放内心的压力，能戒除焦虑等负面情绪，使自己不受其害。因此，他们才能乐得其所，拥有一个健康的身心。

一个经常处于紧张的工作状态，长时间被压力所困的年轻人找到一位心理学老师，希望老师可以告诉自己怎样才能让自己摆脱这种高压状态。

老师对他说："想摆脱高压的困扰，最重要的是要看你对待压力的态度。"

说完，老师转身拿了一杯水，递给他。

问道："你说，这杯水有多重？"

年轻人有点不屑地摇摇头，说："轻得很，也就20克吧。"

老师听后，没有再说什么，而是让他一直保持那个姿势举着水杯。

过了一段时间，老师又问："重吗？"

这时，年轻人举水杯的手已经感觉有些酸痛了，说道："嗯，感觉很重，好像有500克。"

刚开始的20克为什么会变成500克呢？为什么这两次的悬殊会有如此大？

老师平心静气地说道："其实杯子的重量没有发生任何变化，变化的是时间。同一个杯子，举的时间越长，你感到的分量就会越重。压力就像水杯一样，倘若我们总是将压力扛在肩上不放，就会变得越来越重。早晚有一天，我们将不堪重负。正确的做法是：放下水杯，休息一下，以便再次举起它。"

年轻人这才恍然大悟：勇于放下压力，才能让自己一身轻松。

生活中的压力并不可怕，可怕的是不会放下压力。当我们处于过度紧张之时，不妨静下心来，试着放下压力。暂时地放下压力并不是在向困难低头，向命运妥协，而是为了获得内心的安宁和平静。

当压力不再左右你的时候，你会发现，原来事情并非如你原来所想的那么难，这时的你才能从容不迫，游刃有余地张弛命运之簧，即使生活中有再大的风暴，即使面临更高更大的挑战，你也能保持从容镇定，将困难一一攻破。

有人说："压力是一块石头，对于弱者，它是绊脚石；对于强者，它是垫脚石。"为了争当强者，我们必须静下心，放下压力，只有这样，压力才会变成你登上巅峰的垫脚石。

当然，放下压力并不是一件容易之事，这是一种至高至善的人生艺术，也是一种洒脱生活的境界，必须经过潜心修炼，方能将其掌控自如。

短信 3

把暂时的落寞当成一次小憩

不管你现在处于何种状态，一定要有水的精神。像水一样不断地积蓄自己的力量，不断地冲破障碍。当你发现时机不到的时候，把自己的厚度给积累起来，这样，当时机来临时，你就能奔腾入海，成就辉煌的人生。

第二章 删除纠结
——社会是你成功的羽翼

仙人球是一种生长速度缓慢的植物，长了三四年，依然只有苹果般大小，而且显得毫无生气，甚至还有些未老先衰的样子。慢慢地，它们开始被人冷落，被人忘记。突然有一天，阳台的角落里伸出了一枝长有喇叭状的花朵，花形优美高雅，色泽亮丽。原来，这是被遗忘的仙人球的杰作，它数年的默默无闻终于换来了一朝的绚烂绽放。

很多时候，我们可能也会有仙人球一样的遭遇，被人安置在角落里，不被领导重视。这个时候的孤独、落寞诚然是很痛苦的，但是我们并不能因为落寞而自暴自弃。相反，我们要抛开失落带来的消极情绪，在角落里默默地积蓄力量，就像仙人球一样，在落寞过后，我们也要开出令人惊叹的花。

都说古来圣贤皆寂寞，勾践在落寞时忍饥挨饿、卧薪尝胆，终于实现了自己的人生抱负；一代枭雄曹操，不以一时的成败论英雄，在汴水之战、濮阳之争、赤壁鏖兵、渭南之役中，他几次陷入绝境后又死里逃生。

在圣贤的淡然背后，潜藏的是对人生、对成败的大局观。他们不因一次失败、暂时的落寞而否定自己，反而以此为戒，把它作为教训而牢记于心，进而迸发出前进的动力，找出走向成功之路的方向和渠道。

人的一生中，挫折和失败是不可避免的。而当你在遭遇这些苦痛之时，没有一个人支持你，没有一个人来陪伴你，来和你一同应对苦痛也是司空见惯的事情。正如花草一样，在生命的轮回中，少不了风霜雪雨、严寒酷暑，它们必须独自面对。这时，不要悲伤，不要气馁。充满孤独和痛苦且无人喝彩的人生，才是检验生命弹性的最好方法。因为，我们生命的最大值正是在这种承受和忍耐中求得的，孤独和痛苦可以让人更真切地感受到生命的硬度和精神的韧性，它是我们最宝贵的一笔财富。

约翰是一名富翁，后来因为一次生意失败，他的妻子抛弃了他，他的家族也将其驱逐，当年整日围在他身边巴结他的人，此时也都视他为路人一般，不愿接济、救助他。

约翰从这件事中看到了世间的冷漠无情。从此以后，孤独的他只能和那只心爱的猎狗相依为命。无奈之下，约翰带着猎狗，离开了自己的家乡，开始了流浪生涯。

一个深夜，天空飘起了雪花，又冷又饿的他走到一个荒僻的村庄，找到了一个避风的茅草棚。草棚里有一盏油灯，约翰急忙用身上仅存的一根火柴点燃了油灯，拿出书来准备读书。

突然，一阵寒风刮来，油灯被吹灭了。

看着周围漆黑一片，约翰顿时更加痛苦了，他绝望到了极点，甚至想结束自己的生命，一了百了。

就在约翰想要自杀之时，猎狗突然凑了过来，用温暖的身体依偎在他身旁，给他带来了一丝温暖和安慰。

约翰无奈地叹了一口气，沉沉地睡着了。

第二天一早，约翰醒了过来，他一睁眼就看到了猎狗身上鲜红的刀口，原来，自己的小猎狗被人杀死了！抱着死去的猎狗，约翰大哭一场，自己唯一的伙伴都离开了，他更加孤独了。

约翰心想：世间再也没有什么值得留恋的了。他决定结束自己的生命。

他站了起来，想最后看一眼这个世界。这时候他发现，整个村庄都沉寂在一片可怕的寂静之中。他不由自主地走向前，尸体，到处是尸体，村子里一片狼藉，实在是太可怕了。

显然，这个村庄昨夜遭到了匪徒的洗劫，全村人无一幸免，全部死在了匪徒的刀下。这样的情景，让约翰无比震撼。他对自己说："我是这里唯一的幸存者，所以我一定要坚强地活下去！"

此刻，太阳已缓缓升起，大地明朗了许多。

约翰流着泪，说："我是这个世界上唯一的幸存者，我没有理由不珍惜自己。虽然我失去了心爱的猎狗，但是，我得到了生命，这才是人生最宝贵的。"然后，他迎着初升的太阳，坚定地向前走去。

第二章 删除纠结
——社会是你成功的羽翼

人生在世，不可能事事顺心。我们在遭遇挫折后，只能直面现实，正视挫折，保持一种恬淡平和的心境，才能在优胜劣汰的生存环境中，立足于世界之林。

遭遇挫折后的暂时的落寞期正是我们积蓄力量的时候。真正的智者，他们会在此时，从失败中找出自己与别人的差距，汲取教训、韬光养晦，在落寞和痛苦中找到机遇，在孤独和失败中找到动力，以求最终成功，战胜对手。

短信 4

永远别问"凭什么"

这个世界是公平的，有多少付出才会有多少收获，绝对没有天上掉馅饼的好事。当你输于对手的时候，当你不甘示弱的时候，请不要说"凭什么"，请你仔细地思考一下，你付出的足够多吗？只有付出足够多的人，才会得到回报，所以记住，永远不要问"凭什么"。

"凭什么他就可以？"

"凭什么让他去不让我去？"

"凭什么大家一起做事，得到表扬的偏偏只有他啊……"

如果留心观察的话，你会发觉"凭什么"这三个字在我们嘴边出现的频率不是一般地高。而且，每当听到这三个字的时候，都表示我们内心充满了不满的情绪，甚至是忌妒的情绪。

当看着身边的竞争者们得到嘉奖，深得领导的信任而频频得意时，我们内心会很自然地产生不满和忌妒，对竞争者们的成功怀着些许的敌意，对自己的失败充满了不解和愤恨："凭什么他们会成为这个项目的负责人"、"凭什么他们会拿下这个订单"、"凭什么……"成了一种对生活的反问，成了我们发泄情绪的固定模式。

  然而，我们只顾发泄和抱怨，却没有真正地想过别人到底是凭"什么"得到了我们所得不到的成果。他们的荣耀、他们的成功凭借的是什么？为什么我们没有做到呢？为什么我们付出了却没有得到我们想得到的那一切呢？为什么生活的幸运儿常常是别人，而不是自己？这一切都是凭"什么"呢？

  刘老汉已年过八十，虽然有儿子和孙子，但他却一直孤身一人独自生活。五年前，刘老汉的儿子给他找了一个农村姑娘当保姆。从此后，老汉的日常起居就全部由保姆负责。不久前，一向安分守己的保姆却被人一纸诉状告上了法庭，而状告她的不是别人，正是刘老汉的亲生儿子。

  原来，常年身体不好的刘老汉在前不久到公证处把自己名下的房产赠予了服侍他的保姆，刘老汉的儿子知道此事后怀恨在心，便将保姆告上了法庭。

  法院经过了解得知，刘老汉年迈虚弱，而且身患重疾，生活都不能自理。儿子、儿媳都嫌弃一无是处的父亲，便让刘老汉独自居住，一年也不来看父亲一次。并找了个农村姑娘做刘老汉的保姆，而支付给保姆的工资却都是刘老汉自己的退休金。

  保姆的悉心照料让刘老汉感受到了家的温暖，他深受感动，对于自己的儿子也越发失望，所以便决定把自己名下的房产悉数赠予保姆。

  对于此事，刘老汉的儿子在法庭上就对自己的老父亲喊道："你要知道，我是你的亲生儿子，凭什么你不把你的财产留给我，而送给保姆？"

  得知此事的原委后，也许你都会觉得可笑，或者说是可恨。赡养父母本是做儿女的责任，自己没有做到却只会索取，却还恬不知耻地在这

第二章 删除纠结
——社会是你成功的羽翼

里愤愤然地说"凭什么",你又有什么资格来要求得到这些利益呢?

一分耕耘,一分收获,没有付出就没有得到,没有谁会平白无故地得到些好处的。

宋苏红和丁小宁同时来到市医院开始了护士的实习期。

宋苏红不仅长得漂亮,而且还很聪明。而丁小宁长相平平,也略显笨拙,农村出生的她显然不如城里出生的宋苏红那么入行。刚开始学扎针时,宋苏红一学就会,丁小宁却拿捏不准,手总是发抖,为了尽快学会,她只好在私下用自己的手臂练习。

因此,她们刚来医院没多久,漂亮、聪明的宋苏红就很受大家的喜欢。于是,她经常会耍些小聪明,把粗活、重活都推给丁小宁。

实习期结束了,宋苏红对自己信心满满,认为自己一定会被留下。谁知结果出来时,宋苏红却傻眼了,原来院方留下的是丁小宁。

宋苏红气坏了,她很是不服气,到了主任办公室就开始嚷嚷:"凭什么不留下我?我哪里做的不如她?"主任没有计较她的无理取闹,只是淡淡地把最后的考核成绩和平时做的工作记录给宋苏红看。原来,她们每天做的工作都有记录,病人对护士们的评价也都有详细记录。

宋苏红看着丁小宁的工作表现记录和病人对她的好评,红着脸低下了头。

丁小宁付出了,她凭着自己努力的工作和辛劳的付出,才得到这些成绩,这理应就属于她。所有的事情都是如此,你没有付出,所以你没有得到,他付出了,所以他得到了,一切都是顺理成章的,我们凭什么要对着别人大喊——"凭什么"?记住,不要傻到去问"凭什么",而要好好地思考别人究竟凭借什么才获得了今天的成就。

也许有人会说,我付出了,我付出的努力甚至比他更多,可是他有后台,所以他升职了,所以他受到了特殊的待遇。诚然,家庭背景也是构成一个人的一部分,一个人的存在是连带着他的家庭和他的历史。如果说他是凭借着他的家庭背景取得了这一切,那我们不妨去想想他的良好的家庭背景又是怎么得来的?还是那句话,没有付出就没有收获。他的家庭背景也是他的上一辈,或者更上一辈辛勤打拼出来的,作为他们的子孙,他自然能从中受惠。另外,在其位也必然要付出相应的努力,如果丝毫没有付出,那么无论多么优厚的背景,也是不能长久地受惠的。

其实,我们何须去抱怨别人是凭借什么样的能力取得了今天的地位呢?因为不管我们抱怨也好,忌妒也罢,都不可能从中再得到些什么利益。他人的成功既已成现实,我们就算感到不满或者愤怒,也不能将别人的成果按到自己的头上,最后说不定还被别人定论为忌妒心强的人。与其如此,我们为什么还要去问"凭什么"呢?只要我们付出的足够多,就一定会得到相应的回报。所以记住,永远别问"凭什么"。

短信 5

斗气不如斗智

弱者赢在匹夫之勇,强者胜在智慧谋略,现代社会已经不是一个靠力气吃饭的时代,要成就大业,就需要拿出你的锦囊妙计。

在人生旅途中,我们会遇到许多关系到我们命运前途的抉择。这种际遇有灿烂的阳光,也有时时的坎坷风霜;有甘甜的雨露,也有兼程的暴风雨。在遭遇逆境时,弱者会不计后果,逞一时之勇,来争个你死我活;而强者却能做到冷静三思,鼓足勇气用才智迎接挑战。即使在面对顺境时,强者也会经常自省,做到不懈不怠,勇往直前。

强者在遇到问题时,不会用斗气去解决问题,因为他们知道斗气有很多危害：

夫妻斗气，会影响家庭幸福；

同事斗气，会荒废事业；

公司斗气，会两败俱伤；

国家斗气，会引发战争，危害百姓。

人为斗气只会因投入时间、金钱和精力，而伤心、伤身和颓废。于是，强者选择了斗智。

三国时期的曹操乃一代枭雄。

当他兵败华容道时，前有关羽拦截，后有敌兵追赶，情况十分险恶，稍有不慎就会被生擒活捉或被诛杀于马下。

不过，曹操毕竟是见识过大阵势的人，他不甘心被活捉，更不想死于敌人的手中，血染沙场。他深知关羽有个弱点：爱讲江湖哥们儿义气。于是，他灵机一动，待和关羽两军对阵时，他脑瓜一转，随即声泪俱下，苦苦哀求关羽放他一马。

关羽最终放走了曹操。

曹操用智慧险处逃生，硬是把一步死棋生生给走活了。

曹操如果当时因斗气而蛮冲蛮杀，恐怕结局就是另一回事了。《三国演义》中，诸葛孔明的草船借箭、空城计的故事也充分说明了智斗的效果。

当年曹操百万大军赤壁连营，兵临城下，东吴岌岌可危。

大都督周瑜机智果敢，定下用火攻曹军的妙计，但是却苦于没有东风助阵而火急火燎，卧病在床。诸葛亮在前往探"病"时，为其开了一帖"万事俱备，只欠东风"的"处方"，年少气盛的周瑜见此处方，顿觉诸葛亮料事如神，自己远远不及他。妒贤嫉能的他苦苦咽不下这口气，发出"既生瑜，何生亮"的哀叹。最终气绝而身亡。

给现实社会的善意短信

诸葛亮用智斗故意激怒周瑜，将其引入歧路而自行毁灭。诸葛亮斗的不是气而是斗谋略，正是如此，他才达到了消灭敌人的目的。

然而，在现实生活中，多数人在遇到令人激怒的事情时，很自然的反应便是斗气，可是斗气只能带给人一时心理的发泄，对事情的本身并没什么建设性的帮助，甚至可以说斗气的下场是极具破坏性的。

小张的女友离开了他，投入别人的怀抱。

小张自认为是女友看不起他而离开了他，他咽不下这口气，便决定报复女友。

一天深夜，他偷偷潜入女友的家中，将早已准备好的硫酸浇在了女友的身上。女友的喊叫惊醒了她的父母。小张怕吃官司，顿起"杀人灭口"的恶念。用菜刀将两位年迈的老人砍倒在血泊中，并点燃了女友家的住房，"毁尸灭迹"。

女友一家三口在这天深夜离开了人世；小张在一年后被捉拿归案，被执行了枪决；而小张年过半百的双亲也因儿子的离世而病倒在床。

男青年的气是斗"赢"了，同时他把自己的命也斗"绝"了。由此可见，斗气的结果只能使人从中受到伤害、悲痛，真是伤人又伤己。

斗气之人的气量狭小，忘记了"气"之外还有更重要的事和更广大的天地，往往会为别人不经意间的一句话，或者一件芝麻点的小事而争执不休，甚至恶言相向，拳脚相加，以命相抵。这种人往往是不争出个子丑寅卯，就誓不罢休。但是最后的结果还是无济于事，甚至会使事情变得更加糟糕。

其实在很多时候，我们在面对困局时，自己应多动脑筋，筹划出良策妙计来破解难题，这样才能使事情发生逆转，向好的方向发展。

有个年轻人，他在做生意时多次遭遇失败，这些挫折令他心中异常苦闷，感觉自己生不如死。无奈之下，他决定去附近的一家寺庙中出家，以了却心中的苦难。

寺里的方丈见到年轻人，问他道："你为何想要出家？"

他就把自己创业的遭遇一股脑儿倒给了老方丈。

老方丈听后说："年轻人，你还有尘世的牵挂，不能在寺里平心静气地修行。你是因为自己跟自己在斗气，所以一时想不开，才想要皈依佛门。你心里有座高山，如果站在山下埋怨山的高大，那你永远只能处于现在的状态，你若能克服困难登上山顶，那你看到的肯定是一番别样的风景。"

年轻人听了老方丈的话后茅塞顿开，放弃了出家的念头。

回到家后，他重新调整了自己的心态。后来，不管自己的生意是好是坏，他都能心平气和地看待。经过一番拼搏，他终于得到了属于自己的成功。

其实，我们在遇到一些事时，总是跟故事中的年轻人一样，都是自己在跟自己斗气，使自己处于郁闷、苦恼的境界中。殊不知，郁闷和苦恼只会使事情向更糟的一面发展，只有运用自己的才智来面对困境才会"柳暗花明又一村"。

人生更多的时候就是人在与坎坷命运"斗争"，强者的"斗争"不是斗气，他们不与人斗，也很少与己斗，因为他们知道只靠力气和怨气，只会让自己走向失败，只有善于斗智，才能不战而胜，成就大业。

短信 6

学会弃卒保车，才能赢得人生这盘棋

有时候，舍弃蝇头小利，在失去的同时也将得到别样的收获，甚至可以说是用小饵在钓大鱼。真正有智慧的人懂得舍弃，更懂得在必要的时候要通过牺牲较小的利益来换取更大的好处，如此才能赢得人生这盘棋。

古人云"鱼与熊掌不可兼得"，智者曰"两弊相衡取其轻，两利相权取其重"，这与棋局上的"弃卒保车"是一样的道理，都在诠释"舍小得大"的智慧。做人就应如此，对于人生道路上必须舍弃的东西，我们就必须当机立断，学会通过牺牲较小的利益来换取更大的好处。只有如此，我们才能赢得人生这盘棋。

但遗憾的是，大部分人都不愿意放弃自己的利益，哪怕很小，也会不舍，最终导致"鱼"和"熊掌"都烂掉，"卒"和"车"都失去，任何好处都没得到。其实，能否舍弃人生路上的"小利"，是一个人能否冷静而准确地认识自己、认识环境，能否理性、客观地规划自己的理想与生活的关键，更是勇者与智者的修炼。

做任何事都需要付出代价。想要熊掌，鱼就是代价；想要车，卒就是代价，反之亦然。两者都想要，其实就是一种贪念。贪婪的人，总天真地以为世界上有两全其美，却不知道命运不会给人太多的东西，有其一就没有其二。我们不能奢望"全得"，要学会"舍得"，就像握在手中的沙子，越是想把它攥紧，从指缝间流失的沙子也就越多。既不愿舍去，又想拥有所有的好处，结果只能是什么都得不到。

宋家明在某著名企业任职高级管理人员已有近4年的时间了，但是最近他发现自己越来越厌倦自己的工作了。巨大的工作压力已让他不堪重负，整天没完没了的电话也让他烦不胜烦。为了有更多的时间和家人在一起，他便向领导提出请求，希望做一些轻松一点的工作。

领导答应了宋家明的请求，把他调到资料管理部门负责整理客户资料。

宋家明在得到领导的安排后，心想着：这下好了，我总算可以清闲地安静下来休息一下了。但是，好景不长，他又开始忧虑了。因为平时公司重要的会议，他几乎没什么机会去参加。有时候去了，也只是被安

第二章 删除纠结
——社会是你成功的羽翼

排在一个十分不起眼的位置上，根本就没有发言的资格。

想想以前的每次重要会议，他总是会被安排在前排发表讲话。这让宋家明有了一种莫名的失落感，感觉很没面子，心里顿时像放了块大石头般难受。

另外，长期清闲、乏味的办公室的工作让他感觉越来越没意思，根本找不到自己的价值。以前的工作虽然是忙了点，但是很有成就感，而现在的他就像被废了一样，感觉自己比以前更加焦虑和心烦了……

现在，有许多人和宋家明的状态一样，既想有轻松的工作，又想功成名就，成就一番事业。但是没有忙碌、辛勤地工作，谁又会事业有成呢？

是左是右、是取是舍，摆在面前的众多的抉择经常会把我们推入矛盾、纠结，乃至无助、绝望的边缘，不知究竟该舍谁保谁。这时，只要参透了得失的智慧，练就了取舍的本领，我们就会懂得弃卒保车，抓住更大的收获。

由此可见，取舍是一种智慧。如果你在面临抉择时无法做出判断，不妨来学学老祖宗给我们总结的取舍秘籍吧：两弊相衡取其轻，两利相权取其重。

短信 7

扫除悲伤，赢回心的平和

过去的痛苦，是一把可以让你受伤的利刃，将它摆在心头，势必会成为你前进的障碍。忘记那份痛彻心扉的伤痛，扫除你内心的悲伤，收起这把让你受伤的利刃吧，只有这样，你才能收获到更多的快乐和幸福，才能赢回内心的平和，才能欣赏到远方更美丽的风景。

每个人都会在人生的长河之中遭遇不幸。面对痛苦，很多人会陷入无尽的悲伤之中，甚至从此自暴自弃，将自己封闭起来，每天都在回忆过去的痛苦中度过。但是，人生还要继续，如果我们想要好好地生活下去，就必须及时控制自己的情绪，积极地从沮丧、悲观中逃离，不要让悲伤永远笼罩在身边。

试想，如果当你面对不幸时，总表现出闷闷不乐的情绪，或者一味地悲伤抱怨，那么你的认识将会一直停留在过去，你周围的人也会对你避而远之，此时，你的心灵将会更加空寂。

因此，不管你面临的苦痛有多么不堪回首，你都要努力调整心态，相信自己，只有这样，才能战胜不幸，战胜悲伤，从黑暗中走出来。当一个人有勇气从黑暗中抬起头来，朝着阳光的一面走去，那么过去的伤痛就会越来越淡。

有这么一位富人，他拥有万贯家财，生活很是幸福。但是突然有一天，他在载着妻子和女儿旅游时，不幸遭遇了车祸。他幸免于难，但是他的妻子和女儿都离开了人世。一夜之间，他失去了所有的至亲至爱。

在事业上他拥有运筹帷幄的智慧和叱咤风云的干练，但是在灾难面前，他却无助得像个孩子。他整晚整晚地睡不着觉，在窗边呼唤着他的妻子，还有他疼爱不已的女儿。他甚至想结束自己的生命，去和自己的亲人团聚。

一天，他漫无目的地在街上走着，无意中走到了一所孤儿院里。

他看着那些出生不久就失去了父母的孩子，看着那些虽然失去父母却露出阳光般微笑、和他女儿一般大的孩子，他突然觉得，和那些孩子相比，他实在是无比幸运的，因为他至少曾经享受过母亲的关怀、妻子的关爱、孩子的关心，至少他心中还留着许多这些孩子不曾拥有的回忆。

第二章 删除纠结
——社会是你成功的羽翼

就在那一瞬间,他仿佛看到了女儿在对他甜甜地微笑,他感觉到活着是那么的美好。从此,笑容重新在他的脸上绽放。

后来,他资助了很多孤儿,成了许许多多孩子的父亲。他和那些孩子们一起唱歌、一起做游戏,幸福地听着那些孩子喊他"爸爸"。

因为慈善,他受到了很多人的关注。面对媒体的采访,他只简单地说了一句话:"其实我只是跳出自己,换了个角度看待我的这场灾难,和那些孤儿相比,我是非常幸运和幸福的。"

试想一下,如果这位富人一味地沉浸在悲痛之中,他不但无法找回已经失去的亲人,而且自己也很可能郁郁而终。然而他重新振作了,所以他又拥有了无数的"儿女",得到了更多"儿女"的尊敬和爱戴,幸福和快乐又重新围绕在了他的身边。

如果能如这位富人一样,学会忘记过去,那么所有的苦痛都会迎刃而解。正如亚力西斯·柯瑞尔博士所说:"不知道怎样抗拒悲伤的人,都会短命。"只有相信自己,相信上苍会善待积极、乐观的人,才能保持平和、轻松、愉快的精神状态,获得健康的身心和幸福的生活。

我们的一生中,要经历的事情有很多很多,经历的失败和悲伤也会很多很多,如果我们对这一个个的苦痛经历都念念不忘的话,我们背负的苦痛包袱将会越来越重,最终会把我们压垮,再也无法继续我们的人生旅程。

一个年轻漂亮的女孩投河自尽,恰巧被打鱼的老艄公看到了,赶紧把她救上了船。

老艄公问她:"孩子,你年纪轻轻的,干吗要寻短见呢?"

女孩痛哭失声,向老艄公哭诉道:"我男朋友抛弃了我,跟别的女人好了,你不知道我有多爱他,可是他却说不爱我了。你说,我活着还有什么意思?"

老艄公又问:"以前你没有这个男朋友时,生活得还好吗?"

女孩回答："没认识他时，我和朋友们在一起，生活得开开心心，自由自在。"

"那时，你有男朋友吗？"老艄公又问。

"没有，那时的我是单身。"

老艄公呵呵一笑，说道："你想想，你现在只不过是被命运之船送回了认识你男友之前，你瞧，你现在又可以自由自在、无忧无虑了。"

女孩一听，恍然大悟，心里顿时敞亮了许多。

她谢过老艄公，挥了挥手，轻松地走上了岸。

人们面对不幸和伤痛时难免会悲伤，但是我们在短暂的悲伤后要重新振作，过去的苦痛使我们的生命历程更加丰富，但是如果时刻牢记苦痛的话，那我们的心灵之船将会不堪重负，这些痛苦不停地向前延伸，直至牵制到我们的未来。

当你被过去的伤痛所困扰时，不妨将痛苦写在沙滩里，每一次涨潮或海风过后，你就会发现痛苦没有了。岁月流逝，记忆消退，没有什么不能遗忘的，要避开一切痛楚，享受快乐时光，我们必须学会遗忘，这样才能让自己获得心灵的解脱，才能让自己生活得更为惬意和洒脱。拿过去的痛苦来惩罚自己，又何必呢？

一个快乐的人生，孰轻孰重，相信只要是一个正常人，就会做出准确的判断。过去的痛苦，是一把可以让你受伤的利刃，而收起这把利刃，我们就能看到远方美丽的风景！

短信 8

世上本无事，庸人自扰之

人生在世，有所为有所不为。有的人一生为名利所累，然而到头来却是一场空，生不带来，死也带不去；有的人则悠然自得、随遇而安，一生无所求，虽然庸庸碌碌却也过得怡然自乐，最起码没有凭空生出许多个烦恼。

人生在世，有许多事情是我们无法改变的。比如，出生于什么样的家庭，有什么样的父母，是否能和自己最爱的人生活在一起，孩子的事业能否一帆风顺……既然许多事情我们无从选择，无力改变，那我们何必还要为这世间的种种而感到失落、烦恼呢？还不如顺其自然，随遇而安，以从容淡定的心态来面对世间的一切。

世上本无事，庸人自扰之。不以物喜，不以己悲，只有如此，我们才能从根本上远离烦恼，才能时时让快乐相随。

一个美国人坐在墨西哥湾的一个码头上欣赏海景。

这时，一位渔夫划着一只小船靠了岸，小小的船上装载着几条大黄鱼。美国人看到船上的鱼后，断定这个渔夫是个捕鱼高手，因为这种高档的大黄鱼是很难捕捉到的。为了证实自己的判断，美国人走上前，跟渔夫打了招呼："您好！请问，抓住这些鱼需要多长时间呢？"

渔夫看了看美国人，十分友善地回答："不大会儿就抓到了！"

美国人听了更加惊奇，连忙问道："这种大黄鱼是很难捕捞的，可见您的捕鱼本领不一般，既然如此，那您为什么不多捕一些鱼呢？"

渔夫听后大笑起来，说道："这些鱼足够我一家人生活所需了，我为什么还要浪费时间多抓几条呢？"

美国人十分纳闷，急忙问道："浪费时间？那你接下来要做什么事情啊？"

"我每天睡到自然醒，出海抓几条鱼，回家后跟孩子们玩会儿，再美美地睡个午觉。睡足了之后，我就去找兄弟们喝点小酒，弹弹吉他，唱唱歌。哈哈，这日子过得真是太美了！"渔夫脸上洋溢着满足的喜悦。

美国人听后，不觉摇了摇头，对渔夫说道："不瞒你说，我是美国麻省大学企业管理硕士。其实你可以生活得更好，如果你按照我说的去做，一定能成为人人羡慕的大富翁！"美国人摆出一副知识人的架势，侃侃而谈："以后，你每天多花点时间来抓鱼，除了生活开销之外，你就可以用其余的钱去买条大渔船。等有了大渔船后，你就能抓到更多的鱼，然后再买更多的渔船。慢慢地，你就可以拥有一支捕捞队了。接着，你就可以自行生产、加工，甚至行销了。最后，你就可以搬离小渔村，到纽约去居住，在那里你的事业会得到进一步发展。"

渔夫听到这里，突然问美国人："请问，这个过程需要花多长时间呢？"

"20年。"美国人回答道。

"那20年以后呢？"渔夫接着问。

此时，美国人十分激动，说道："那时你就可以在家里轻松享受生活啦！你也可以再回到小渔村，每天睡到自然醒，然后出海随便抓几条鱼，再跟孩子们玩耍，睡午觉，喝小酒，唱歌娱乐！"

渔夫听后哈哈一笑，说道："请问，那时的我跟现在的我有什么区别呢？"

按照美国人的想法，渔夫要白白浪费20年的时间，兜个大圈子之后，又回归以前的生活，既然渔夫已经在轻松地享受人生了，那么他还需要追求别样的人生吗？这岂不是给自己自寻20年的烦恼吗？

第二章 删除纠结
——社会是你成功的羽翼

当然，并不是人人都能像渔夫一样，对名利和财富无动于衷。对于常人而言，要做到无欲无求谈何容易。

有一位青年在路上行走时，巧遇一件趣事。正好这时他经过一家有名的寺院，青年便想进去考考里面住着的老禅师。

见到禅师，青年装作不经意地问道："什么是团团转？"

老禅师回答："皆因绳未断！"

青年大吃一惊，盯着老禅师看了半天。

禅师急忙问道："什么事令你如此惊讶？"

青年疑惑地问道："老师父，令我惊讶的是，你是怎么知道的？我刚刚在路上看到一头牛被绳子穿了鼻子，拴在了树上。这头牛想离开这棵树，到草场上去吃新鲜的草，可它转来转去，就是脱不开身。我本来以为师父不知道我说的是什么事，一定答不出来，没想到，您一开口就说中了！"

禅师哈哈一笑，说道："你问的是事，我答的是理；你问的是牛被绳所缚而脱不开身，我回答的是心被俗世纠缠而不得解脱。这是一理通百事啊！"

青年恍然大悟，佩服地向禅师鞠了一躬。

牛因为一根绳子而失去了活动的自由，我们的心又何尝不是被这样那样的绳子所牵绊呢？其实人生不如意之事十之八九，有很多事情都是我们不能强求，也强求不来的。既然如此，不如超脱一点，一切随缘而动，不要过分强求什么，不要一味地苛求什么。

当我们在刻意苛求一件事的时候，不妨扪心自问一下，我们活着是为了什么？我们到底在追求什么？世间万物转头空，名利到头一场梦，生不带来，死也带不走。想通了这一点，你那颗不听话的心就会豁然了许多。

人生在世，有所为有所不为，不妨一切都顺其自然、随遇而安。如此，你会发现，即使事情不按照自己的计划进行，地球也会照样转，生活也照样继续，而你不仅活得从容淡定，更会收获意外的惊喜。

短信 9
当一扇门关闭时就走另一扇门

人生是一个不断得而复失的过程，我们在得到一些东西的同时，必定会失去另一些东西；上帝在给我们关闭一扇门时，总会为我们留下另一扇门。既然如此，我们又何必患得患失呢？不如整装待发，想法走另一扇门！

每个人的一生都不可能是一帆风顺的，总会经历一些磨难，总会失去一些东西，但是上帝是公平的，他在为你关闭一扇门的时候，总会为我们留下另一扇门。也就是说，不管我们处于怎样的境况，我们都不会一无所有。

所以，在面对失去时，我们无须过于悲伤，过于落寞，更不要痛苦，我们在失去这些东西的同时，总是会得到另一些东西，只要我们能够淡然接受失去，我们必定会从失去中有所获得，塞翁失马的故事就是一个很好的证明。

很久以前，在靠近边境一带住着一位老人。

一天，老人非常喜欢的一匹马跑到了胡人的住地。邻居们闻讯后纷纷前来劝慰他，没想到老人却乐呵呵地，没有一点悲伤之意，他对邻居们说："没什么的，这不一定是坏事呀！"

几个月之后，那匹马居然带着一匹胡人的母马回来了。邻居们得知

第二章 删除纠结
——社会是你成功的羽翼

后又前来向老人表示祝贺,可老人却说:"这未必就是一件好事呀!"

一天,他的儿子在骑这匹马时,不小心从马上摔了下来,将大腿摔骨折了。人们又前来安慰老人。谁知老人却很平静地说:"这怎么就不能变成一件好事呢?"

一年后,胡人入侵了边境一带,青壮年男子都拿起武器前去作战,大多都献身沙场,而老人的儿子因腿瘸而免于征战,幸免于难。

老人的眼界和境界非同一般,他在坏事面前没有失意,因为他知道上帝还在向他敞开着另一扇门;而遇到好事时,他也淡然处之,因为他知道在得到的同时,必定会有失去。

祸福相倚,得失相伴。很多东西既然已经失去,即使心有万千不甘,也不能将其挽回,与其痛苦,不妨就随它去吧。抱有一颗淡泊明志、从简修行的心,以一种泰然自若、淡定从容的心态去走向另一扇门,向新的"得到"招手致意吧!

自从得知自己将要参加最危险的海军陆战队后,莱特每天都忧心忡忡。

爸爸很是了解自己的儿子,看到莱特愁眉不展的样子,爸爸决定和莱特聊聊天。

爸爸对莱特说:"儿子,不就是去海军陆战队吗,你没必要这么忧心忡忡的。陆战队有内勤部门和外勤部门,要是你被留在内勤部门的话,就完全不必担惊受怕了,那些工作轻松得很。"

听过爸爸的话后,莱特并没有放松下来,他说:"爸爸,我得听从部队的安排,这并不是我能决定的事情。要是我被分配到了外勤部门呢?外勤部门不但要求出去作战,而且所面对的各种环境也是非常恶劣的。"

爸爸笑着说:"那也没关系。要是去外勤部门的话,你还有两个选择,一是留在美国本土,另一个是分配到国外基地。如果你被分配到美国本土，这跟待在家里有什么区别呢？又有什么好担心的啊？"

莱特继续问道："那要是我去了国外基地呢？"

"那你还是有两个机会啊！一是被分配到和平而友善的国家；二是被分配到不和平不友善的地区。如果是和平的国家，那么爆发战争的概率是很小的，你还担心什么呢？"

"可是，我要是真的去了不和平的战争地区呢？那我不就完蛋了吗？"莱特着急地说。

"不可能的，孩子。如果你留在总部，而不是上前线，那么也不会有事。"

"那我要是上前线了，这该怎么办？假设我还受了伤，那我以后该怎么生活？"莱特又十分担心地问道。

"也许你只是受轻伤呢，这根本是无碍的。"

莱特还是不罢休，说："那要是不幸身负重伤呢？"

"那很简单，要么保全性命，要么救治无效。如果还能保全性命，你还担心什么呢？"

莱特最后问道："上帝，要是救治无效，那我该怎么办啊？"

爸爸听完，哈哈大笑，说道："这就更没什么可担心的了。你人都死了，你还知道担心吗？再者，如果你真死了的话，你就是国家的大英雄，很多人会赞扬你、崇拜你。要知道，这样的荣誉不是每个人都有幸拥有的。"

莱特听完爸爸的分析后，豁然开朗。他满怀信心和希望地参加了海军陆战队。

到部队后，莱特先被分配到了外勤部门，然后又被分配到了战争地区，还成为前线上的一名先锋……面对上级的这些安排时，莱特相信后面有好的事情，于是欣然接受。

结果，在这种积极心态的引导下，莱特英勇作战，屡建战功，获得了一等兵的荣誉。在作战过程中，他先后受过几次伤，不过并无大碍。

鉴于他优秀的表现,现在莱特已经被提拔为重点军校的一名军官。

爸爸之所以能将莱特从失意和忧虑中带出来,是因为他懂得这样一个道理:不论面临什么际遇,有失必然会有得,因此,在失去时,不要困惑、挣扎和绝望,想方设法进入另一扇门才是正道。

平淡幸福的生活是在经历了轰轰烈烈的生活后才得到的;温馨宁静的港湾是在放弃了急流险滩后才拥有的。鱼与熊掌不可兼得,上帝不会让你两者兼有,但也不会让你一无所有。他会在关闭一扇门的同时,为你敞开另一扇门。

既然如此,我们为什么还要悲观绝望呢?我们只有怀着积极向上、从容淡定的心态去走向另一扇门;在失去这一扇门时,再走向另一扇门……正是这一扇又一扇的门,才让我们的意志趋于成熟,性格得以完善,品质得以升华,人生也因此变得更加有滋有味、丰富多彩。

短信 10

不要总想着挽回,有时人生需要放弃

人生的风景并不是只有一处,当我们在为逝去的美景而哭泣时,我们可能就会错过眼前更加绚丽的画卷。不要总沉浸于失去,不要总想着挽回,不放弃"得不到"的,又怎能注意到另一片美丽的天空?

生活中有太多不可挽回,更不必挽回的东西。苦苦贪恋一个不适合的职位,不但身心疲惫,而且还会让自己心力交瘁;苦苦挽留一个对你毫无感情的人,不仅让你遭受重重打击,而且还会浪费你美好的青春时光。既然如此,为何不去面对现实,重新选择?正如《卧虎藏龙》里,

给现实社会的善意短信

李慕白对师妹说过的那句话:"把手握紧,什么都没有,但把手张开就可以拥有一切。"

工作不合适,就要给自己一个追求新目标的机会;恋爱受阻,就要正视自己的感情,强扭的瓜不甜,既然无力挽回这段感情,不如试着去找寻另一段爱情,或许,你生命的另一半就在你的眼前。

有一个孩子,他立志长大后要当一名作家。为此,他坚持每天写作。

长大后,他每天都至少要写500字,并且十年如一日地努力着、坚持着。可遗憾的是,多年的努力,并没有让他梦想成真,所有的手笔没有丁点变成铅字。但是,他还是坚持向出版社投稿。

就在三十而立的前一年,他总算收到了一封来自出版社的回信。收到回信的他喜出望外,但在拆开信的那一刻,他的笑容瞬间便消失了。因为,这是一封退稿信。

总编在信中写道:"虽然你很努力,但我不得不遗憾地告诉你,你的知识面过于狭窄,生活经历也显得相对苍白……但我从你多年的来稿中发现,你的钢笔字越来越出色……"

这个人就是张文举,现在已是当代赫赫有名的硬笔书法家。

对于如何成功,他的理解是:"一个人能否成功,理想很重要,勇气很重要,毅力也很重要。但更重要的是,人生路上要学会选择,更要懂得放弃。"

"不按常理出牌"的时候时常有之。有时候,我们会很幸运,收获意想不到的惊喜,例如受到老板的赏识,得到自己梦寐以求的爱情,买彩票中了大奖等;但有时,我们也会遇到一些突发状况,让我们痛不欲生,例如职场的失意,心爱人的离去、家庭的变故,等等。

不以得喜,不以失悲。

对于失去的,如果百般努力却无济于事,那就没必要苦苦相求,一味地去挽回。这时的放弃则是一种明智的选择。学会放弃,换一种活法，或许就会有另一番情境。

面对食之无肉、弃之可惜的鸡肋，不如毅然放弃，因为无味的东西，再啃下去亦无多少意义；面对一条无路可走的死胡同，也要赶紧放弃，因为再往前走，只会将我们撞得头破血流，而必要的回头，会让我们绝处逢生。这时的放弃是一种豪气、一种睿智，是更深层面的进取。

失去了，就要敢于面对现实，调整好心态，认真分析形势后，以一种豁达的胸襟来应对未来的路。如果为一时的失去而难以释怀，而整日忙碌于挽回的辛劳中，那么也许永远也走不出"失"的阴影，看不到"得"的光明。如此一来，快乐与幸福将永远与我们无缘。

肖夏近几年的生活一直很苦闷，三年前，她与自己深爱的丈夫离了婚。

三年来，她几乎没有露出过些许微笑。每当家人和朋友提起有关婚姻的词语，她都会歇斯底里地难过。她曾在她的博客上写过这么一段话：

"你现在在做什么呢？是不是已经结婚了？或者都有自己的孩子了吧？自从你离开之后，我无论是闭上眼睛还是睁着眼睛，事情就好像发生在昨天，怎么也抹不去。我也曾无数次地想过要离开这里，离开这个伤心之地。但是我还有自己的责任，我必须挺住，直到最后一刻，直到佛陀召唤我的时候。多么希望那一刻早些到来，我可以微笑地走向另一个世界，微笑地看着你。只要能够每天看着你幸福地生活，我就心满意足了。可是对于现在发生的一切，我没有一点挽回的办法，我的心在哭泣、在流血。佛陀，你愿意帮助我吗？我愿意付出一切，来实现自己那平凡的心愿，哪怕下辈子受苦……"

肖夏的生活本来可以走上正轨的。因为在一年前，她的一个同事向她表露了爱慕的心声。他们也交往了半年多，但是就在她的同事向她提出回家见见父母，订下婚事的时候，肖夏却犹豫不决，最后结束了这段感情。

正是因为她始终走不出悲伤的情绪，所以才使这段原本可以开始的崭新爱情在有可能来到的幸福面前戛然止步。

最后，小伙子离开了，而肖夏还是像往日一样浑浑噩噩地沉浸在伤痛中。

诚然，失去一段人生中最缤纷的感情，对任何人而言，这种伤害都是刻骨铭心、难以抹去的。因为，往日生活的点点滴滴早已深深印在了记忆深处。但是，你的人生不止仅限于此，你的人生之路不会因为离婚就终止，不要因为失去就绝望，更不要因为无谓的挽回而毁掉自己一生的幸福。

人生中最令人惋惜的莫过于，因为错过了一棵树，就错过了整片森林；因为摘不到一颗星星，就放弃了整片天空。如果等青春年华不再时，才能发现因为错过一次而错过了所有，那将为时已晚。有句话说得好："人生最大的悲哀就在于，轻易地放弃了本该坚持的，却固执地坚持了本该放弃的。"的确如此，人生如果不懂得放弃不属于自己的东西，就会忽略掉身边的美好，从而与美好的事物擦肩而过。想要的追求不到，本来会拥有的也失去了，从而变得一无所有。

人生犹如一部戏，每个人都是自己这部戏里的主角。然而，几乎没有人可以把自己的角色演到极致，而不留一丝遗憾，没有遗憾的人生不是完整的人生。所以，不要总想着挽回，有时人生也需要放弃。正确的放弃不是逃避与懦弱，而是一种知己知彼、审时度势的智慧。只有充分把握好执着与放弃的尺度，不过于强求，才有可能在不经意间找到真正适合并属于自己的东西。

所以，在物欲横流的今天，当我们在被某些事情缠绕得心力交瘁之时，不妨告诉自己：只有放下，才能重获快乐和自由。美好的人生不仅需要力挽狂澜的勇气，更需要有敢于放弃的智慧，正确的放弃不是退步，而是为了更好地向前冲刺。

第三章

寻求和解
——从此与社会握手言和

有人说:"当世界抛弃了你,而你又无法改变时,你才有权利抱怨。"然而,面对生活中的种种不如意,我们总是冲动得忘记了考虑自己能否改变现状,只顾着埋怨和愤恨。殊不知,生活就像一面镜子,你对它笑它便对你微笑。如果你总说社会太严酷,那么最终它就真的会对你"严酷"。试着与生活握手言和吧!有时候,包容是改变命运的开始。

短信 1

抱怨别人，不如改变自己

有时候，迫切需要改变的不是别人，而是我们自己，只有改变自己，才能改变命运。命运之钥就握在我们自己手里，与其无谓地怨天尤人，不如全力以赴，改变自我。

"这明明是他的工作，为什么要让我替他做？"

"我都在公司做这么多年了，为什么还不给我加薪，我看就是经理看我不顺眼。"

"那个客户一直不同意我做的方案，真是烦死了……"

工作中，我们的耳边总是会有这么多的"抱怨"声在喋喋不休，令我们感到郁闷。这种郁闷来自于他们与你相处不融洽，也可能是他们不赞同你的观点，或者是他们不喜欢你、不重视你，甚至是他们成了你达成目的的"障碍"，给你带来了"麻烦"……

于是，我们便终日生活在这些抱怨声中，诉说着他们的种种不是。可是，你认为你的抱怨有效吗？很多时候，我们抱怨了半天，事情还是没有解决，我们的工作也并没有减少，我们的月薪也并没有增加，我们的客户还是与别人签了订单，我们的日子并没有因为我们的抱怨而变得"好过"。相反，我们却有可能自食"抱怨"的恶果，成为最终的受伤者。

艾文是一家广告公司的市场部业务员，刚入公司时，她勤勤恳恳，再加上她人长得漂亮，说话又甜美，所以领导跟同事都很喜欢她。

第三章 寻求和解
——从此与社会握手言和

但是时间一长，艾文发现，大家都开始远离她了。原来，她总是牢骚满腹，不是抱怨这个就是抱怨那个："为什么领导给小张的客户都那么好说话，而我的客户却这么难缠"、"为什么我和小李都做一样的工作，但她的工资却比我的高"、"公司怎么都不舍得买些好电脑？这破电脑又死机了，这种工作环境我还怎么能好好工作啊"、"时间那么短，我又没有三头六臂，怎么可能完成一份客户反馈报告呢？今晚又要加班了，加班又不给我工资"……

艾文的抱怨声几乎天天都会响起，公司同事听得耳朵都要起茧子了。当然，领导对这一点也自然会有所耳闻。

刚开始时，总经理对艾文的抱怨并没有说什么，因为她的工作能力还是不错的。但是在这种抱怨情绪的作用下，艾文就不太认真工作了，结果屡出差错。

没有哪位老板喜欢雇用老抱怨的员工，艾文的工作成绩也是日益下降，让总经理很是不满。加之又担心她的不满情绪影响到其他员工，给公司带来负面影响。所以，在慎重考虑后，总经理决定辞退艾文。

因为人与人本身就不同，所以在职场中，存在意见上的分歧是很正常的现象。当这种意见分歧出现时，不管你多么烦恼，多么愤怒，对方也不会因为你而做丝毫改变，事情也不会因为你长久地抱怨而出现转折。长时间地抱怨只会让你陷入无尽的烦闷中，唯一的受害者也只是你自己，而且这种抱怨还会不断地强化这种伤害的深度和长度。

房龙说："当世界抛弃了你，而你又无法改变时，你才有权利抱怨。"任何时候，都不要将过错一味地推责于别人，要试着从自己的身上找原因。殊不知，抱怨环境不好，常常是自己做得不好；抱怨别人心胸狭隘，常常是自己不够豁达；抱怨天气太糟糕，常常是我们抵抗能力太弱；抱怨孩子不听话，常常是我们没有找准教育方法。别人的存在与做法一定有其合理性。抱怨别人，不如改变自己。你自己改变了，一切才都会不一样。

有一个年轻的商人，划着小船给河对面的村子运送新鲜水果。

这一天，天气酷热难耐，为了赶紧完成运送任务，以便在天黑之前能返回家中，商人心急火燎地划着小船，汗流浃背，苦不堪言。突然，商人发现前面有一只小船沿河流而下，迎面向自己快速驶来，好像是有意要撞翻自己的小船。

商人大声地向对面的船吼道："让开，快点儿让开！再不让开你就要撞上我了！"可是，商人的吼叫似乎无济于事，那只船没有丝毫要避让的意思。商人在乱吼一通后，眼看着两只船要相撞时，才赶紧手忙脚乱地试图让开水道。但是，为时已晚，那只船还是重重地撞上了他。

商人此时气不打一处来，厉声斥责道："你会不会驾船啊？这么宽的河面你不走，偏偏要往我的船上撞？"但是，那船上却没有回音。

商人怒目审视对方的小船，这时他才发现，原来小船上竟然空无一人。听他大呼小叫、厉言斥骂、不停抱怨的只是一只挣脱了绳索、顺河漂流的空船而已。

很多情况下，你斥责、怒吼的对象或许只是一艘"空船"，为什么会犯这种低级的错误呢？这是因为你的抱怨已经让你成为了一个心智急躁的人，此时的你又怎么可能看清眼前的一切呢？而那艘"空船"也是绝对不会因为你的抱怨而改变航向的。请问，最终受害的又是谁呢？

抱怨他人，不如改变自己。其实，把宝贵的时间浪费在抱怨上是人生最愚蠢的事情。

抱怨他人，并不能使别人做出改变来顺应自己的意愿，既然不能改变别人，那我们就只有改变自己。命运之钥就掌握在我们自己手里，与其无谓地怨天尤人，不如全力以赴，改变自我。这时，你就会发现，那些令你感到"厌烦"的人并没有那么讨厌，而你的生活也会变得更加精彩，你的工作也可能从此变得一顺百顺了。

第三章 寻求和解
——从此与社会握手言和

短信 2

停止抱怨，催眠冲动的"心魔"

抱怨只会使我们变成心智急躁的人，克制住冲动，其前提便是不抱怨。停止那些没有意义、没有必要的抱怨，催眠冲动的"心魔"，让内心安静下来，唯有如此，我们才能保持清醒的头脑和理智，将人生主导权掌握在自己手中。

在工作和生活中，我们都会犯一些本能避免的错误，也都会遇到许多的挫折和磨难。在碰到这些阻碍我们成功的障碍时，我们最常见到、最常听到的就是抱怨。可是抱怨又有什么作用呢？错误能消失吗？问题能解决吗？抱怨只会让我们的心情更加糟糕，甚至冲动行事。要知道，抱怨的越多，失去的就越多，最终会让我们一事无成。

抱怨是生活中的绊脚石，是我们不知不觉间给自己树立起来的。其实，抱怨实则是我们逃避自我过错的借口而已。自己做错了事，或者碰到了难以解决的问题，为了让自己推脱责任，便一而再、再而三地抱怨。

可是，错误已经发生，我们就要想方设法去弥补过失；眼前的难题是自己分内之事，所以我们是逃不过的。既然事情迟早都要解决，那为何还满腹牢骚令人心生不快呢？与其浪费时间在这里抱怨，还不如想想办法去解决问题呢！

大学毕业后，刘茜没有找到合适的工作，便和两位大学同学暂且在一家家具厂的办公室做文员。

刚到公司上班，她的那两位同学就经常在一起嘀咕，抱怨工作时间长，待遇又一般，而且很偏僻，连购物的地方都没有。

的确，这里的条件确实很差，而且晚上工人加班时，文员还要在办公室值班，有时候要忙到晚上9点钟，最重要的一点是工资待遇偏低，加班时间还不给加班费。

从小娇生惯养的刘茜对这里的环境也很不适应，但她深知自己没有工作经验，而且靠抱怨也不能解决任何问题，所以，再苦也得坚持。

下定决心后，身为行政文员的刘茜在工作之余还经常和工人们沟通，了解他们在生活方面所存在的问题，并一一记录，和行政经理一起讨论怎样解决这些问题。另外，她还改进了工厂的考勤制度、人事制度等。

渐渐地，刘茜发现自己越来越喜欢这份工作了，而且做得越来越顺手。一年后，她便升任为行政主管。而她那两位经常抱怨的大学同学，仍在原地踏步。

正是由于刘茜没有用一味地去抱怨来发泄内心的不满，才没有冲动地敷衍工作，或者立马走人，而且她还找到了开展工作的新方法，凭借自己的努力改变了现状，赢得了公司领导的赏识，获得更多发展的机会。

在这个物欲繁杂的现代社会中，不抱怨的生活态度是一种心境，一种精神，一种至高的生存追求，没有人喜欢和一个满腹牢骚的人相处。在职场中，太多的牢骚也只能证明你能力差，总是喜欢将失败的责任推卸于他人或者归结于客观因素。这样的员工，上司又怎会托付重任呢？其他同事也会避而远之的。

邓杰是一个公司的白领，收入也还不错，但是她好像对目前的生活很不知足，总有满腹的牢骚，抱怨不止，好像全世界的人都欠她的一样。

她的一贯作风是：当着张三的面说李四不好；而当着李四的面又说

张三不好。而且对公司也有不少的怨气。

一次，她又和朋友开始了她的"抱怨论"："你可不知道，我们公司的老板又小气又黑心。他总是让我们加班，还不给加班费，用最少的钱让我们干最多的活，每天把我给累得半死，我真想把他给炒了。主管在领导面前就是个软柿子，可是对我们却颐指气使的，一天到晚地训斥我们，你说这活还怎么干？这公司我觉得再待下去也没什么意思了，你要是有什么好的机会一定要帮我留意一下啊。"

但是当朋友为她介绍工作时，她又不干了，说自己的公司也还可以。可是过不了两天，她就又开始了她的长篇大论——无休无止地抱怨。

一开始，面对邓杰不停地抱怨时，朋友们还总是好意地开导一番。但渐渐地，每次一见到邓杰后，他们就像老鼠见了猫一样，唯恐躲得不及时，被邓杰"逮着"。邓杰的一个朋友说："她最好别跟我说话，一说话就是抱怨，我可不想再听她那一套了。"

人人都喜欢与积极向上、乐观开朗的人交往，没有人愿意成为别人的苦水瓶子。无穷无尽的抱怨，会给人带来很大的负面影响，没有人喜欢将自己置身于抱怨、消极的环境之中，所以人们见到总是抱怨的人自然会退避三舍，敬而远之。

由此可见，对周遭的一切抱怨不止，不仅浪费时间，而且解决不了问题，还会使自己的性格变得偏激和易怒，内心会被冲动所占据，另外，别人也会拒你于千里之外，真是有百害而无一利。但是如果我们能静下心来反省自己，以客观和冷静的头脑分析当前的情况和原因，就一定能找到摆脱困境的方法。

停止抱怨，内心自然就会安然平和，冲动的"心魔"也就不会嚣张行事，甚至遁形不现。如此一来，一切尽在掌握之中。

短信 3

行动的"马太效应",感恩的"良性循环"

试着培养感恩的心态,感激身边的一切,你就会发现,感恩可以使我们浮躁的心态得以平静,也使我们能够从全新的角度来看待周遭的一切,进而开启神奇的力量之门,发掘出无穷的潜能,进入良性循环。

生活中,我们的心总会被各种各样的不良情绪所包围:"孩子怎么就不听话呢"、"爸妈一点都不理解我"、"我的老公怎么跟婚前判若两人啊?一点都不知道心疼我"、"老板太苛刻了,我不就犯了那么一点小错吗?至于扣我工资吗"……抱怨声连天。

总之,周围的一切都让自己觉得不堪忍受,心中充满诸多委屈。为什么会出现这种情况呢?

这主要是因为此时的自己只是在意自己没有得到什么好处,却不曾想别人为自己付出了多少。如果一个人不能体会到自己所拥有的,心中只能够容得下私利,不懂得感恩,那么尽管他自己拥有再多,也一定不会有所作为,感受不到生活的幸福和快乐。

传说,有一个人因为在生前非常善良,经常乐于助人。所以在他死后,就升上天堂成为了天使。成为天使后,他还是会时常到凡间去帮助人。

一天,天使看到一个正在田中耕田的农夫,他自己拉着犁头辛苦地在田中耕地,很是辛劳。当他看到天使后,便对他说:"我家的那头耕牛太老了,刚刚死去,现在我又没钱再买耕牛,所以只能这么辛苦地在

第三章 寻求和解
——从此与社会握手言和

田中耕作。"

天使不忍心看他如此劳累，便赐给他一头健壮的耕牛。农夫非常高兴，天使也在他身上感受到了幸福和快乐。

第二天，天使又遇见了一位年轻男子，男子的表情十分沮丧，他向天使说："我前段时间在做生意时，所有的钱都被人骗光了，现在连回家的路费都没有了。"

天使心善，便给了他一些银两做路费。男子开心地笑了，天使也同样地在他身上感受到了快乐。

后来的一天，天使又遇到了一位年轻的作家，作家英俊潇洒，而且还有一位温柔的妻子，和可爱的一儿一女。但是，他看起来却不幸福，每天都眉头紧锁，愁眉不展。

作家对天使说道："虽然我什么都有了，但是只欠一样东西，你能够满足我的愿望吗？"

天使回答说："可以，你缺少什么呢？"

作家双眼紧盯着天使，满怀希望地说："我缺少的是快乐！我的妻子虽然温柔贤惠，但是她长得不漂亮，而且没太高的文化，我们没有共同话题，每天都说不上几句话；我的儿子和女儿很可爱，但是太调皮了，两人经常打闹不止，天天把我闹得心神不宁；我的那些邻居们更是烦人，有事没事都来家里拜访，害得我都没有一个安静的环境写作……总之，我讨厌我周围人的任何举动，感受不到一丝快乐和幸福！"

天使听后，皱了皱眉，他觉得有点为难。该怎么帮助作家呢？后来，天使想出了一个主意。然后就将作家周围所有人的性命都带走了，只留下作家孤零零地一个人生活在人间。

一个月后，天使又找到了作家，那时的他看上去比以前更难过了。没有了妻子对他的体贴，耳边少了儿女的欢闹，没有了邻居对他的鼓励，作家感觉自己是世上最不幸的人，凄凉极了……他甚至准备跳河自杀。

正当他准备要死去的时候，天使现身了，并把他的妻子、儿女和邻居又带到了他身边。

半年后，天使又去看望了作家。这次他终于看到了作家的笑容，他搂着妻子，抱着儿子，和邻居在一起有说有笑。见到天使后，他不停地向天使道谢，因为他现在知道真正的快乐是什么了。

故事中的作家总是一味地抱怨周围人的种种不是，总是抱怨自己的需求没有得到满足，所以他感受不到快乐；在失去一次后，他懂得了感恩，明白自己所拥有的就是快乐的根源，所以知道了珍惜拥有。生活的经验告诉我们，生命的回报和付出差不多，如果我们对自己已得到的不知感恩，拿出一张臭脸面对世界，那世界也不会给我们好脸色看，难成正果。

如果我们试着培养感恩的心态，懂得感激身边的一切，你就会发现，心存感恩，生活中就会少些怒气和烦恼，心灵才会少些浮躁，多分宁静与安详；心存感恩，我们才会珍爱大自然的一切恩赐，才会时时感受到生活中的"拥有"的珍贵；心存感恩，我们才能从全新的角度来看待身边的一切，进而开启神奇的力量之门，发掘出无穷的潜能，进而步入感恩的良性循环，追随感恩的指引，一步步走向成功。

奥里斯是美国一个广告公司的设计师，因为工作需要，公司总部将他从美国调到了日本工作。

习惯了美国轻松、自由的工作环境，刚到日本时，奥里斯觉得这儿的工作环境显得过于紧张和严肃了，给人一种压迫感，他很是不适应。坚持了一段时间后，奥里斯实在忍受不了了，便向上司抱怨："这边的环境太糟糕了，我就像是一条放在死海里的鱼，连呼吸都困难！我要是继续留在这里的话，非得变成一个神经病不可。我真的适应不了这边的工作环境，我希望总部能将我调回美国。"

上司也是一位美国人，他对奥里斯的感受深有体会。听完奥里斯的

第三章 寻求和解
——从此与社会握手言和

抱怨，上司平静地对他说："我和你一样也是美国人，你看我现在不是很享受这里的一切嘛。想知道我当初是怎么走过来的吗？告诉你，每天至少说40遍'我很感激'或者'谢谢你'，记住，说这些话时要面带微笑，发自内心。"

虽然是很简单的话语，但奥里斯还是很难说出口，总觉得很别扭。有时候即使说也不是发自内心的。的确，"刻意地发自内心"确实不是一件容易的事。不过，他最终还是说服了自己，决定试一试，便开始有意识地和周围的同事们说"我很感激"、"谢谢你"这样的话。

令人意想不到的是，几天下来，他居然真的觉得同事们似乎友善了许多，而且他在说"谢谢你"时，感觉也越来越自然。慢慢地，他发现周围的同事们也有可爱的一面，工作环境并不像自己原来想象得那么糟糕，因为感激的心情已经像种子一样在他心里悄悄发芽。到最后，奥里斯发现在日本工作跟在美国工作并没有什么区别，在这里同样很愉快。

没有了坏情绪的滋扰，奥里斯的工作得心应手，很快便得到了上司的赏识，获得了升职加薪的机会。

对此，奥里斯总结道："是感恩的态度改变了这一切！当我对周围的一切都怀抱强烈的感恩之情时，我不仅从工作中得到快乐，而且所获帮助也很多，工作也更出色了，好事接踵而至，真是太好了。"

由此可见，感恩是比任何物质奖励更为珍贵的一种礼物，常存感恩之心的人比其他人更有资格拥有一个成功的人生。

如果没有阳光雨露，就没有明亮净透的空气；没有水源，就不会有生命的存在；没有春夏秋冬的轮回，我们就体会不到生命的生生不息；没有父母，也就不会有我们；没有亲情与爱情，世界上就会都是冷漠的面孔。

如果敞开心扉，用心去感知周边的世界，用心去体会周围人对我们的付出。那么，抱怨将会永远远离我们，快乐与幸福也将会永远将我们围绕。

从现在开始，做一个心怀感恩的人吧！

短信 4

坦然面对别人的误解，做自己应做的事

真正成大事者，往往都是不忍受小怨的。谨慎而理智地选择一条适合自己的路去走，既然是自己所选，就不要去理会别人的说三道四，只要心中确立了目标和信仰，即使遭到非议，也要任由他人分说，毅然坚定地走下去。

在生活中，我们或多或少都会被人误解，甚至与他人产生隔膜和争吵，这些都不足为奇。当误解产生时，如果我们加以辩驳，无疑会让对方因感到把我们自己的想法强加其身上而招致非议，就有可能导致双方发生激烈的争执，甚至大打出手。这不仅对解决问题没有丝毫的作用，往往还增添了新的麻烦。

如此一来，原本的误解再加上现在的麻烦，便会影响到我们的心情和办事效率。这时，我们不妨静下心来好好想想，既然误解是恶意攻击而且无法逃避的，那我们为何不能坦然面对呢？不要去在意别人的误解，保持自己心中行事的准则，做理应去做的正确之事，不要让他人的误解对我们的生活和工作造成任何不良的影响。

在电影《离开雷锋的日子》中有这么一段剧情。

在一次长途运输中，乔安山看到大雪天的路上躺着一位被车撞伤的老人，肇事司机早已逃离了现场。他没有丝毫犹豫，只觉救人要紧，当

第三章 寻求和解
——从此与社会握手言和

即用自己驾驶的长途汽车将老人送到医院抢救。由于送来得及时，老人的生命得以保全。

然而，在家人的压力下，老人违心地指认把自己撞伤的司机就是乔安山。这让乔安山痛心，家人寒心，也因此险些遭到麻烦。

万幸的是，在好心人的帮助下，撞伤老人的司机找到了。老人的良心也受到谴责，拉着乔安山的手认了错，正义最终得到伸张。

即使受到误解甚至是成心的责难，乔安山助人为乐的初心也没有丝毫动摇。在茫茫草原的行驶途中，遇到因妻子难产而拦车的哑巴，乔安山依然把产妇送到了医院。

身为雷锋的战友，转业三十多年的乔安山始终没有忘记雷锋和他助人为乐的精神。即使在遭到别人的非议和误解时，他也不去斤斤计较，依然坚持学雷锋、做好事。

诚然，被人误解是一件痛苦的事。然而，理解也好误解也罢，都是我们无法掌控的；然而，是否要去感受被人误解的痛苦，就全在自己了。虚繁世界，众说纷纭，我们为人处事并不需要看别人的脸色，我们不是因为要获得他人的理解和赞许才去为之。因此，只要心中确立了目标和信仰，即使在遭到众人非议时，也要任由他人分说，毅然坚定地走自己的路。

但是，在很多情况下，我们往往做不到"坚持将自己的路走到最后"，我们总是会被这样或那样的因素所限制，这些因素，就是别人错误的"意见"或"建议"。人们之所以会抑制他们向往美好事物的权利和追求成功的能力，大都是接受他人"建议"的结果。

能量守恒与转化定律是19世纪三个重大发现之一，这个伟大定律的完成得益于三位科学家，最早的一位是被称为"疯子"的德国医生迈尔。

1840年，迈尔开始在汉堡行医。迈尔是一个对任何事情都好奇的人，他总爱打破砂锅问到底，而且还一定要亲自观察和研究。这一年的2月22日，他随一支船队来到印度尼西亚。一天，船队在加尔各达停泊后，船员因水土不服都生起病来，于是，随船医生迈尔便依照老办法给船员们放血治疗。

医治这种病时，只需在病人静脉血管上扎上一针就可以了。迈尔也是这么做的。但是令他不解的是，在德国，这样一扎，从静脉里会流出一股黑红的血。可是在这里，从静脉里流出的仍然是鲜红的血。于是，迈尔就开始思考这是怎么回事。

迈尔想着：人的血液里面含有氧，所以血是红色的。氧在人体内燃烧产生热量，这样就能维持人的体温。可是这里天气炎热，维持体温不需要太多的热量，自然也就不需要那么多氧，所以静脉里的血仍然是鲜红的。那么，人体内的热量到底是从哪里来的？一颗最多500克的心脏，它的运动根本无法产生如此多的热量，仅仅靠心脏的跳动来维持人的体温显然是说不通的。如果，体温是靠全身血肉来维持的，那么这将和人吃的食物有关。而不论吃肉吃菜，都一定是由植物而来。植物是靠太阳的光热而生长的，那么太阳的光热又是从哪里来的呢？太阳如果是一块煤，那么它能燃烧4600年，这当然是错误的理论了。那就是说，一定是别的原因，是我们未知的能量了。

由此，他大胆地推断出，太阳中心温度约2750万度。迈尔最后又想到了能量是如何转化的？

回到汉堡后，迈尔写了一篇《论无机界的力》，并用自己的方法测得热功当量为365千克米/千卡。他将论文投到《物理年鉴》，但却没有被发表。后来，他只好将此论文发表在一本名不见经传的医学杂志上。并且到处进行演说："地球上的植物吸收着太阳的光和热，并生出化学物质……"

但是，人们并不相信他，即使物理学家们也对他的研究结论不屑一顾，并且称他为"疯子"。后来，迈尔的家人也怀疑他疯了，竟要请医生来为他医治。

迈尔不仅在学术上不被人理解,而且又先后经历了生活上的打击:幼子离世,弟弟因革命活动受到牵连。在一连串的打击下,1849年,迈尔终于不堪重负,从三层楼上跳下自杀,但是未遂,却造成双腿伤残,从而成了跛子。

尽管迈尔在追寻真理的路上付出了辛勤的汗水,并且得到了结果,但他却没有将真理坚持到底,最终倒在了他人的语言利器中,不禁令后世为其扼腕。

现实生活中,如迈尔一样的人很多,当我们听到不同声音之初,往往还会有所质疑。可是当这种声音越发强烈的时候,我们就左右摇摆,无法站稳脚跟了,失去了识别是真理还是谬误的能力。

谨慎而理智地选择一条适合自己的路去走,既然是自己所选,就不要去理会别人的说三道四,坦然面对误解。不管这条路多么坎坷,个管这条路上有多少障碍,我们仍然要坚持走下去,直到胜利。只有这样,我们才能向别人证明自己的正确选择,才能证明别人的谬误是多么站不住脚。

短信 5

非凡的经历才能成就非凡的人生

非凡的经历可以成就一个非凡的人生,非凡的经历也必定是伴随着非凡的苦难。只要拥有坚持不懈的信念,坚强地面对苦难,我们必将能把这些不幸转换为我们人生中一段非凡的经历,成就我们非凡的人生。

人生是由我们的一系列经历组成的。平淡的人生由平淡的经历组成，而那些非凡的人生也需要更多不平凡的经历作为基石。人人都渴望拥有一个非凡的人生，过那种和大多数人迥然不同的生活，都想成就一个波澜壮阔的人生。然而，只有非凡的经历，才能成就非凡的人生，而这些"非凡"的主旋律绝对不会是平静无奇的。

有几个年轻人经常喜欢在深潭边钓鱼，一天，他们看到有个渔夫在上游水流湍急的河里捕鱼，觉得这渔夫好笨。在水流那么急的河里怎么会捕到鱼呢？

这天，几个年轻人又看到了正在捕鱼的渔夫，便忍不住上前问他道："鱼能在水流这么急的地方停留吗？"

渔夫说："当然不能了。"

"那你怎么能捕到鱼呢？"有个年轻人接着问。

渔夫呵呵一笑，什么也没说，转身提起他的鱼篓往岸上一倒，五六条又肥又大的鱼在岸上欢快地跳着。

几个年轻人都看傻了，因为他们在深潭里从来没钓到过这么肥而大的鱼。

渔夫笑着对他们说："深潭里风平浪静，氧气稀薄，只有那些经不起大风大浪的小鱼才会待在那里；而这些大鱼就不行了，它们需要更多的氧气，浪头越大，水里的氧气才会越多，为了生存，它们只能拼命地游到有浪花的水域。"

的确，水流湍急的浪花飞溅之处才有大鱼。现实社会也是如此，如果你总是待在安静的环境中，也就只能成就平凡的命运，只有遭遇坎坷才能磨砺巨人！

我们在人生的每个岔路口都面临着许许多多的选择，每一个选择都对应着不同的人生之路。选择平坦无奇的道路，则意味着你会安稳地过完一生；选择荆棘丛生的道路，则意味着你要在这条路上披荆斩棘，为你的理想而奋斗。无论是哪一种选择，你的经历都必定构成你的人生。

第三章 寻求和解
——从此与社会握手言和

石康和顾晨在学校的时候学的都是医学。毕业后，石康在一家市医院做了医生，顾晨则参加了一个国际医学援助组织。

在十年后的同学聚会上，昔日的死党石康和顾晨终于碰面了。同学们都各自介绍了自己的工作。当顾晨说到他参加了国际医学援助组织时，同学们都簇拥着他让他讲述他这十年周游列国的传奇经历，仿佛他就是从书本里走出来的鲁滨孙一样。

聚会结束后，石康和顾晨相约去了一家咖啡馆。

"听了你的故事后，我感觉我这辈子都白活了，你看你过得多有滋味啊。"石康感叹道，"我一毕业就进了市医院，十年都没挪过窝儿。每天都在医院和家之间穿梭着，十年的时间就这么过去了……"

听完石康的述说，顾晨拍了拍石康的肩膀，说道："兄弟，你看看。"说着就掀起了裤腿，腿上有着大大小小的伤疤，"这个是我刚去非洲的时候在树林里被毒虫咬的，差点当场送了命……"他又指着其中一个较大的疤痕，说："你再看看这个，我当时从山上滚了下去，腿摔断了，这个疤就是见证……"

顾晨仰头看着远方继续说道："你在家里老婆孩子热炕头的时候，我也许就孤独地待在某个偏僻的乡村……兄弟，为理想，是要付出太多代价的。"

非凡的人生总是伴随着非凡的苦难，顾晨的人生经历很好地证明了这一点。就如长期漂泊的鲁滨孙一样，他的人生绝对是一个非凡的人生，然而那些我们看似很有趣的经历，却让他无时无刻不徘徊在生死边缘。这也印证了，唯有苦难，才能成就非凡的一生。

有选择固然很好，但是在很多时候，苦难就摆在我们面前，我们在苦难面前没有丝毫讨价还价的余地。面对生活的磨难，我们无法逃避，无从选择。当苦难接踵而至的时候，我们要么打败它，要么就被它打败。

关森和关林是一对难兄难弟，在关森刚上小学没多久，父母就在一次车祸中丧命了。因为亲戚们都不愿意收养，他们被迫进入了孤儿院。

后来，有一对夫妇来孤儿院领养孩子，他们看上了这兄弟俩。本以为好日子就要来了，却不料，这对夫妇竟然是人贩子，假借领养之名贩卖人口。

关森被卖到了一个偏远的小山村，被迫和关林分开了。关森的养父母家里很穷，但是他们对关森还算不错，一家三口勉强度日。关森知道自己别无选择，他只能接受。小小的关森一直没有忘记弟弟，寻找弟弟成了他生活的目标。关森也是个有情有义的孩子，虽然自己是被拐卖到这里的，但他一直视养父母为亲生父母一般孝敬。然而世事难料，几年以后，其养父母在一场地震中撒手人寰。

关森在料理完养父母的丧事后，毅然带着仅有的一床破烂的被褥和几张烧饼走出了小山村。

刚到城市的他靠乞讨为生，后来又到工地做建筑工人，有点积蓄后他就做起了小生意，最后竟拥有了自己的公司。

后来，关森经四处打听得知关林当年也被贩卖在一个山村，便顺藤摸瓜地去找弟弟。令他意想不到的是，当他找到关林时，发现他住在一个破烂的小屋里，已经疯了。

命运给予每一个人的都不是同等的东西，但生活留给我们的机会却是一样的。能否扭转人生，就要看我们能否抓住机会，就要看我们是怎样看待苦难，是否有战胜苦难的决心。

面对苦难，只有抱持坚持不懈的信念，坚强地面对它，将这种种的不幸当作生活给予我们谱写传奇人生的考验，把它变为人生一段非凡的经历，才能成就我们非凡的人生。

短信 6

你对生活微笑，生活也会对你微笑

生活就像一面镜子，你对它微笑，它就会对你微笑；你对它愁眉苦脸，它也不会让你开心。带着微笑工作，带着微笑生活，积极地调控情绪，保持乐观的心情。只有这样，才能让自己愉快地度过每一天。

俗话说："笑一笑，十年少。"微笑让人如沐春风，可以给我们向上的信心，生活的勇气。用微笑来面对生活，生活也会给我们报以轻松的微笑般的感觉。相反，如果一个人总是愁眉苦脸，一副苦大仇深的样子，那么他将时时忍受忧郁、痛苦的折磨，对什么事情都会抱以消极的态度，因此这些人经常会事事烦心，人人敬而远之，他自然也没有什么朋友。

悲观的人总喜欢抱怨，总觉得事事不公平、不顺心，对生活丧失信心；而乐观的人在碰到不顺心之事时从不抱怨，而会微笑着面对，困难和挫折也就会因为他的乐观而变得渺小和微不足道，他的生活还是那样的美好。

有一对夫妇常年生活在一个偏僻的小村庄里，他们生活清贫，但却很幸福。

为了给家中换点更有用的东西，他们把家里唯一值钱的那匹马拉到集市上去了。老头先用这匹马和别人换了一头母牛，接着又用母牛换了一只山羊，再用山羊换了一只大鹅，又把鹅换成了母鸡，最后用母鸡换了别人的一大袋烂苹果。

每一次与别人交换东西时，老头总是乐呵呵的，他总想着能给老伴一个惊喜。

傍晚时分，老头扛着一大袋子烂苹果踏上了回家的路。途中他遇见了两个外国人，闲聊中老头把自己这一天所做之事都详细地跟外国人说了一遍。两个外国人听后大笑，他们指着老头说："老头，你回家后，你老婆肯定会骂你一通的，说不定还会挨打呢！"老头听后连连摇头，坚称绝对不会。外国人不相信，他们用一袋金币打赌。

随后，两个外国人跟着老头一起回了老头家。

见老头回来后，老太婆非常开心，她饶有兴致地听老头讲述赶集的经过。每听老头讲到自己用一样东西换了另一样不好的东西时，她都没有丝毫抱怨，而是充满兴奋地说："真好，我们有牛奶喝了！""羊奶也不错。""大鹅还能下蛋呢！""我们可以每天吃鸡蛋了！"最后，她听到老头用母鸡换了一袋开始腐烂的苹果时，也没有骂老头，而是开心地说："今天晚上我们就能吃到苹果馅饼了！"

最后，两个外国人只好乖乖地交出那一袋金币。

虽然老头换得的东西一次比一次差，但是他和老太婆都有一颗乐观的心，他们总能微笑地面对眼前的生活，最后生活也给予了他们微笑——收获了一袋金币。可见，只要乐观地生活，坏事有可能还会变成好事呢！

人活着的目的不是为了忧郁烦闷，而是为了享受快乐幸福的生活。有些人说："我也不想烦恼啊，但总是做不到。"其实，想克服烦恼并不难，第一步要做的就是停止抱怨。经常抱怨不仅解决不了问题，还会让自己的情绪越来越差。如果能对生活经常微笑，保持乐观的心态去看待一切问题，那么再单调乏味的工作也会变得很有趣，再大的困难也会烟消云散。

第三章 寻求和解
——从此与社会握手言和

　　管彤彤现在在一家家政公司做人事经理，她幽默风趣，遇事不慌乱。不过，以前的她可不是这种性格，这种改变源于她五年前的凄惨遭遇。

　　五年前，医生告诉管彤彤，她患上了癌症，要她做好心理准备。当时的她痛苦、绝望，她才20多岁，正是人生最好的时间段，她不想死。但是，她又没办法拯救自己。为了免受病魔折磨，管彤彤想到了死，她不想看到自己化疗后的丑态。

　　在两次自杀未遂后，她的主治医生对她说："管彤彤，难道你一点斗志也没有了吗？你要是一直这样消沉下去的话，你很快就会死掉的。不错，你死了之后是解脱了，可是你想过关爱你的亲人吗？你确实是碰上了最坏的情况，但要面对现实，不要忧虑，办法总是会有的。"

　　听了医生的话，管彤彤的情绪逐渐平静了下来。她对自己发誓："我不会再忧虑，也不会再哭泣了，我要健康地活下去。"

　　有了这份乐观的心态，管彤彤的状态好了许多。她在不能用镭照射的情况下，坚持每天用X光照射14分半钟，连续照射了49天。虽然她的身体越来越差，两脚重得像铅块，但她从没有放弃希望，也没有再哭过一次。她总是面带微笑，虽然她微笑并不能治疗癌症，但她确信，愉快的精神状态，平和的情绪，将有助于抵抗身体的疾病。

　　最后，医生告诉管彤彤，她身上的癌细胞已经消失了，她经历了一次治愈癌症的奇迹。

　　现在的她也一样，不管在遇到什么困难时，她都会面带微笑，坦然面对。她始终坚信：只要以平和的心态面对问题，那么奇迹也许就会上演。

　　微笑竟然有这么大的威力？没错，微笑就是一本万利的生活投资，也是终止抱怨的最直接、最简单的方法。

　　苏格拉底说："在这个世界上，除了阳光、空气、水和笑容，我们还需要什么呢？"笑容代表着快乐，代表着积极的心态。与其终日愁眉不展，不如把微笑挂在脸上，这样做不仅激励了自己，而且还影响了别人。

微笑只是一个简单的动作，不费吹灰之力就能做到。那我们为什么还要浪费太多的时间去抱怨，让自己的心情变得糟糕，而不去嘴角上扬，做一个用心灵微笑的快乐人呢？

所以，放弃抱怨，带上微笑，随时保持乐观的心境来面对人生的风风雨雨吧！

短信 7

学会退让，不要得理不让人

现实生活中总会有一些磕磕绊绊，如果我们总是得理不让人，无论战胜还是战败，都不会改变世间的规律。这时候，我们要学会退让，退让不但能赢得别人的尊重，也许还会有意外的收获。

现实社会中，总会碰到一些"得理不让人"的人。有理时，会指着过错方的鼻子谴责对方；没理时，还要与人争得脸红脖子粗。这种人，势必不会受到大家的欢迎，更不会有良好的人际关系。

俗话说："得饶人处且饶人。"在生活中，人与人因思想不同，难免产生摩擦和争执，即使自己占据上风，也要给对方留一个台阶，容纳对方的缺点，理解对方的难处，避免两败俱伤的局面发生。

一位著名跨国企业总裁在作报告，有人问他："你把事业做得如此成功，请问，在与竞争对手之间有矛盾时，你是怎样解决这些矛盾的？"

总裁看着提问者，没有直接回答，而是转身在黑板上画了一个留有缺口的圆。

他反问道:"这是什么?"

"这应该是你未完成的事业。"提问者想了想说。

总裁回答说:"其实,这只是一个未画完整的句号。我之所以会成就如此辉煌的事业,道理其实很简单,因为我做事情从来不会不留余地。就如这个有着缺口的句号,得饶人处且饶人,给对手、给自己都得留些后路!"

另外,学会退让也是为人处世应遵循的原则之一。

在汉朝时期,有一个叫刘宽的人任职南阳太守。

刘宽为人宽厚仁慈,心地非常善良。即使手下和百姓做错了事,他也从不穷追猛打,只让差役用蒲鞭轻轻责罚,以此表示惩戒。正因如此,刘宽在老百姓中有着相当不错的口碑。

刘宽的夫人在听到外面百姓的言传之后,并不是十分相信。为了一探究竟,她故意设了一个局。一天,她趁刘宽办公时,让婢女来给他送肉汤。当婢女走到刘宽旁边时,装作不小心的样子把肉汤泼到了刘宽的官服上。果然,刘宽不仅没发脾气,反而还关心地问婢女有没有将手烫伤。

由此可见,刘宽为人宽容的度量确实非常人所能比。其夫人在看到此景后,心悦诚服了。

还有一次,刘宽正驾车行驶在大街上,有个人看见刘宽驾车的牛硬说那是自己的牛。但是这明明就是刘宽自家的牛。倘若换了别人,一定会据理力争,竭力守护自己的财产。可刘宽却没有和那人争辩,他命车夫把牛解下给那人,自己步行回家了。后来,那人找到了自己的牛,便把刘宽的牛归还回去,还一个劲儿地向他道歉。刘宽的牛回来后,他非但没有责怪那人,还好言相劝安慰了他一番,叫他不必担心,自己是不会怪罪于他的。

故事中的刘宽，虽然自己没有犯错，但他却能不计较个人得失，能够让一步，退一步，最后误解都被一一解除，而且还赢得了好名声。而假如他得理不让人，不肯退让半步，那么一场争论便不可避免，争论到最后也许就会变成无端的指责。不但事情难以平息，而且随着时间的推移，旁观者会越来越同情那个"被争论"的人，甚至开始指责有理方不讲情面，咄咄逼人。最后，伤人伤己，得不偿失。

当然，如果是我们犯错在先，就应该主动承认错误，不要没理搅三分。适当地退让不但能赢得别人的尊重，取得别人的谅解，也许还会有意外的收获，总之我们是不会受到损失的。

艾伦是一位美术家，在他所认识的客户中，有位负责美术方面业务的客人，特别喜欢挑毛病，总是要对他的工作指责一番。

有一次，艾伦送去一件作品，因为当时时间比较紧张，所以工艺并不是那么完美。当这位客户发现这个问题后，立刻打电话给艾伦，生气地让他过来一趟。

刚走进客户的办公室，艾伦就说："先生，真是不好意思，这次的失误都在于我。因我的疏忽，而使你不愉快。我替你画了那么多年的画，居然还画不好……我觉得很惭愧！"

那位客户本来以为艾伦会纠缠一番，没想到他居然选择了退让，于是替他分辩道："不错，话虽然这么说，不过大致上，还不太坏……只是……"

听到这里，艾伦急忙说："不管怎么样，我的失误还是造成了一些影响，谁会看到不完美的画而满意呢？我本该加倍小心，你时常购买我的画。这样吧，这幅画我带回去，另外画一幅给你。"

这位客户摇摇头，说："算了，没事的，虽然你这次没做好，但是我相信你的实力！"接下来，他开始赞扬艾伦，并坦白地对艾伦说，他所希望的，只是一个极小部分的修改。他又表明，这个极小的错误，对他公司的利益，不会造成损失。因此对于这个小错误，不必太顾虑。

第三章 寻求和解
——从此与社会握手言和

由于艾伦没有过分纠缠，反而极力自我批评，选择了退让，结果让原本该发生的不悦的气氛消失殆尽。最后，那位美术主任不但没有大发雷霆，反而请艾伦吃了一顿饭，并签付了一张支票，并将另外一件生意给他。

艾伦在犯错的情况下，并没有多方辩解，而是选择了退让，这才避免了自己和客户的冲突，那位客户不但没有对他大发雷霆而且还给他介绍生意。试想，如果艾伦不懂得退让，结果自然不会这么乐观。

在犯错的情况下，如果自己还不懂得退让，还为自己狡辩，势必会受人鄙视，让人敬而远之。

商朝的亡国之君纣王，他荒淫昏庸，杀王后斩王子，做了许多丧尽天良之事。

但是，面对朝廷大臣，他却碍于颜面，不肯悔过，想尽了各种说辞来为自己开脱辩解，声称自己没有做错，将所有的过错推脱于王后和王子。

最后，大臣们都离他而去，天下百姓也都起来反抗他，他最终落得个众叛亲离的下场。殷商六百年的基业也断送在他的手里，到最后，竟没有一人守候在他身边。

商纣王的没理搅三分的愚蠢行为导致他众叛亲离，国破家亡。

对就是对，错就是错，事实并不会因为你的口舌之战就会扭转的，与其做无谓的辩解，还不如主动退让一步，向别人坦承自己的过错，这样不仅会得到别人的谅解，还会赢来别人的尊敬。

学会弯腰，学会退让并不是自卑，也不是自弃，而是一种诚实的态度，一种锐意的智慧。是为人处世中的一种方略，是化解矛盾，以退为进的有效方法。无论何时，都不要得理不让人，妥协一下，定能大事化小，小事化了。如此好事，何乐而不为呢？

短信 8

善待你的敌人，敌人就会消失

　　真正大智者对于敌人，不但不消灭，反而培养对方成为激励自己上进、成长的对手。善待、帮助敌人，就能化敌为友，让我们减少一个敌人，而少一个敌人就可以说是多了一个朋友。

　　在当今社会中，战场上两军对阵、杀得你死我活的敌人已经不太常见，更多的是商场里的"冤家"和同行里的对手，正所谓"同行相嫉，文人相轻"。对于敌人，你会如何"消灭"他呢？

　　凡大智者，对于自己的敌人，非但不会消灭他，反而会善待他，将其作为激励自己上进、成长的朋友。培根曾经说过："没有情人，会很寂寞；没有敌人，也是寂寞的。""敌人"可以时刻让我们保持警醒与精进；没有对手，就会松懈。足球场上的两队竞技，必先相互握手以示感谢后，才可开场；拳击赛开始时，选手要互相鞠躬致意，胜败分晓后还要握手言和；美国总统大选揭晓后，当选者第一件事就是要致电感谢落选的一方。

　　由此可见，没有了"敌人"，我们的成绩便失去了很多色彩；而善待敌人，则可以将敌人转化为我们的朋友，让我们自身更上一层楼。

　　美国总统林肯在竞选总统时，曾经遭到一个参议员的当众羞辱。

　　参议员说："亲爱的林肯先生，在你演讲之前，我想要提醒你一下，你要时刻记住，你只不过是一个鞋匠的儿子。"

　　面对这位议员的当众羞辱和嘲讽，林肯并没有对他耿耿于怀，而是以宽容的态度原谅了他。他微笑着对那位议员说："非常感谢你的提

第三章 寻求和解
——从此与社会握手言和

醒,是你让我想起了我的父亲,只可惜他现在已经过世了。我承认,我做鞋的手艺的确没有我父亲的好,但是我要是有幸做上总统,我一定会把总统做得像我父亲把鞋做得一样好。"

人们听后,掌声立刻响起。而此时,那位议员被林肯的慷慨陈词说得哑口无言。

林肯又对那位议员说道:"据我了解,我父亲生前曾为你的家人做过鞋子,如果你觉得不合脚的话,我可以帮你修改一下。"接着,他又转身面向大家,大声地说道:"在座的各位,如果谁穿的鞋子出自于我父亲之手,若是您觉得不合脚的话,都可以来找我修改。"

令人不可思议的是,林肯做了总统后,居然还任命那位羞辱他的议员为财政部长。

这个决定立刻引起了许多人的不解,他们对林肯说:"他是我们的政敌,你为什么要任用他呢?你应该想办法打压他,消灭他才是。"

林肯却说:"我任用他,就是想把他变成朋友,如果他成了我的朋友,不就相当于在消灭敌人吗?"

事实证明,林肯的想法是正确的。这位议员是一个大能人,他为国家和林肯做了不少的事情,还成了林肯的得力助手。

正如林肯所说,消灭敌人最好的方法就是让他变成我们的朋友,当敌人成为我们的朋友那一刻起,敌人就不复存在了。林肯秉持着宽容的心态宽恕并重用了当众羞辱自己的对手,最终使其心服口服,诚心诚意地为自己服务。

林肯懂得,消灭敌人并不能显示出其智慧,相反,在双方对峙的同时,自身的精力也必将有所损耗,自身的心性也必将有所动乱。若是能善待敌人,真心实意地去帮助他,能做到以德报怨,相信再顽固的敌人也会被我们感化;即使不能化敌为友,我们也不会有所损失,因为我们学会了包容,我们的境界已得到了提升。

俗话说,多个朋友多条路,多个冤家多堵墙。大智的人会忘记仇恨,

给现实社会的善意短信

善待敌人，把堵在双方面前的那堵墙拆掉；愚蠢的人却总是将仇恨放在心上，最终使那堵墙越砌越厚。人与人之间，有时候朋友可以成为敌人，有时候敌人也会成为朋友，这就要看我们看人的角度和做人的态度。

相传，古时候，魏国边境与楚国交界的地方有一个小县，小县的县令是一个叫孟的大夫。两国交界处住着两国的村民，村民都以种瓜为生。

这年春天，两国村民又都种下了瓜。但是这一年雨水太少，由于供水不足，瓜苗长得很慢。魏国村民担心瓜苗会被旱死，影响收成，便组织了一些人，每天晚上都往地里挑水浇瓜。半个月后，魏国村民的瓜苗长势转好，比楚国村民的瓜苗要高出许多。

楚国村民看到魏国的瓜苗长得又快又好，非常忌妒，于是有些人便趁深夜偷偷跑到魏国村民的瓜地里故意将其瓜苗踩坏。

第二天，魏国村民看到自己瓜地里的瓜苗被人践踏，就猜出来这一定是楚国村民给破坏的。于是，大家便请求孟县令为大家讨回公道。有人还提出，要让大家一起将楚国人的瓜苗也踩烂，以解心头之恨。孟县令急忙请村民消消气，对他们说："大家最好不要去踩楚国人的瓜地，你们如果真这么做的话，只是消了一时之气。但是从此后，两国就会结下冤仇。你踩我的瓜，我踩你的瓜，这样报复下去，最后谁都收获不到一个好瓜。"

村民听了这话，觉得很有道理，有人问道："那孟县令你给我们想个主意吧，我们总不能坐以待毙，眼瞅着让他们把瓜地糟蹋完吧？"孟县令说："那这样吧，你们每天晚上浇水时，也帮助他们浇浇瓜苗，两天之后，你们自然就能看到结果。"

村民们虽然并不服气，但还是照县令吩咐的做了。两天后，楚国村民发现魏国村民为自己浇瓜，再想想自己当初的做法，真是惭愧万分。到了瓜熟蒂落的时候，楚国村民将一半的收成都送给了魏国村民。

从此以后，两国村民礼尚往来，相处融洽，这个县成了远近闻名的文明县。

这件事很快传到了楚王耳中，楚王原来对魏国虎视眈眈，听了这件事后，不免心生惭愧，更为魏国有这样的好官员和好百姓而表示赞赏。魏王见孟县令和边境村民立下大功，便重重嘉赏了他们。

面对仇恨，孟县令没有采取"以牙还牙，以眼还眼"的态度和方式来发泄仇恨，而是引导本国村民善待仇敌，放弃了不必要的争斗，最后不仅化敌为友，避免了悲剧的发生，还缓解了两国的矛盾。

历史上还有许多诸如此类的事例。三国时期，张飞"义释严颜"，化敌为友；诸葛亮"七擒孟获"，却又一次次地将其释放，目的也是化敌为友；齐桓公将与其势不两立的管仲待为上宾，也是化敌为友的典范，故其能九合诸侯，一匡天下。

纵观历史，凡是能化敌为友的，必是胸怀韬略、大智若愚之人，他们拥有宽广的胸襟，能容常人所不能容之事，因此才能成就常人所不能成就之伟业。

生活中，同样需要化敌为友的包容胸襟。时刻要记住，只要善待你的敌人，我们就会减少一个敌人，而少一个敌人就相当于多了一个朋友；若一心只想报复对方，那么只会增加对方对你的敌意，冤冤相报，永远不会终止。

朋友，还是敌人，关键就在于我们一念之间。

短信 9

给自己一片海阔天空

在人生的道路中，前进并不是人唯一的处世之道，有时候，后退一步才能够让我们感觉到柳暗花明。人生只有后退一步，方能明辨利害，看清前进的方向，从而更好地前行。

俗话说："忍一时风平浪静，退一步海阔天空。"这句话虽然说起来简单，但却包含了非常深奥的哲理。体育竞赛中的足球赛、篮球赛，当进攻受阻，往往是将球往后传，寻求更有效的进攻，获取"破网"的成果；汽车驾驶员，在停车时，有时也需要准确地后退，才能将车停在安全、适当的位置；起步时，有时也需要后退，才能驾车驶上前进的道路……

人生的道路上也必然会有受阻的时候，在遭遇困难的时候，在与别人发生摩擦的时候，如果迎面与之反搏，也许会撞得头破血流，得不偿失。此时如果能见机忍一下，退一步，或许就会拨云见日，收获到意想不到的惊喜。

几位驴友听说沙漠中有一处绝美的景致，便相约一起横穿沙漠，去寻找那绝美之地。

在经历一番艰难的长途跋涉后，他们又累又乏，身上带的水也都快喝完了，但是他们还是没有找到的地标。有些队员们就有了退却的念头，队长知晓了队员们的心思后，咬着牙鼓励队员，也鼓励自己说："都走了这么远了，要是后退的话岂不是功亏一篑吗？"

受到队长的鼓励后，队员们又默然地继续前行。在途经喀斯特地貌时，有位队员实在是走不动了，便向队长提出了返程。这时，他们带的水和食物几乎就要没有了，炎炎烈日炙烤着大地，队员们一个个虚弱的很，有两位队员也一致赞成返程。

队长看着几位虚弱的队员，无奈之下，只好点头同意。

谁知，在他们返程途中，竟意外地发现了一处野外旅行者基地。他们得到了基地的帮助，在休养过后，他们重整旗鼓，再度进发沙漠，终于找到了那处美丽的地方。

在很多人眼中，后退就是懦弱的表现，总是习惯将其与胆怯、失败

第三章 寻求和解
——从此与社会握手言和

联系在一起。其实，后退是为了更好地调整自我，是一种明智之选。森林中的百兽之王——老虎，其他动物见了它拔腿就跑。可是，这么威猛的虎王，在捕食时却总是先后退几步，然后奋跃而上，紧紧地抓住猎物。老虎在进攻前的后退又岂是懦弱的表现？这是为了产生更大的势能，为了更快、更准确地捕获猎物。

在这个世界上，没有化解不了的矛盾，没有解不开的疙瘩。只要我们能够适度地退让，就会雨过天晴，获得一幅美丽的风景。而明知不可为而为之，只知进不知退，显然是一种不明智的选择，结局注定凄凉。

自古以来，凡是成大事者，都会在适当的时候做出主动的退让。

春秋时期，齐国国力雄厚，拥有一支近三万人的军队。而当时的鲁国地域狭小，兵少将寡。

公元前 684 年，齐桓公出动大批军队进攻鲁国。面对强大的齐军，鲁军自知寡不敌众，便一再地后退、忍让。后来，齐军进入了有利于鲁军反攻的长勺地区，但是此时的鲁军还是没有马上发起反攻，而是坚守阵地。

这时，齐军自恃力量强大，便率先发起了进攻，妄图一举歼灭鲁军。

鲁军在再三忍让之后，终于在齐军连续进攻二次未果后，向齐军发起了总攻。一时之下，齐军阵势大乱，溃败而逃。

鲁军为了战胜齐军，先采取了妥协和让步的方法，看似是处于下风，但他们却在"退"的过程中为自己创造了更好的作战机会，最终赢得了这场残酷的战争。

在竞争激烈的现代社会，能够主动退让，并在退让的过程中寻找或创造市场机会的人也多是社会之杰出人才，他们通过一定程度上的"退"，通常可以以退为进，甚至转败为胜，进而走向成功！

2000 年，某跨国企业中国分部的销售额突破了 24 亿元人民币，是

1999年销售额的一倍，上缴的税额也高达4.6亿元。面对这份不错的业绩，时任中国区总裁的郑女士却做出一件令所有人备感意外的决定：即日起，公司将全面实施内部整顿，在此期间，暂停营销人员加入公司。

为什么公司业绩这么好，郑总裁却要做出这样的决定呢？

原来，整个行业在中国市场上呈现了人人喊打的混乱局面。面对巨大的压力，郑总裁需要在"撤"和"留"之间做出选择。

这位处变不惊的女人用了八个字道出了自己的答案：不慌、不乱、后退、整顿。整顿期间，公司的销售额急速下降，使公司损失了不少利益。为了提升企业品牌，平时温婉的她不惜施展铁腕，辞退了数百名营销人员。对此，郑总裁说："休整，就是为了更好地出发！"

事实证明，郑总裁的决定是正确的。在年底时，公司业绩仍是同行业中的佼佼者。时至今日，这家公司在中国市场上的销售份额遥遥领先于同行的其他公司。

面对媒体的采访，郑总裁说："当时的决定是需要勇气的，若没有短暂的牺牲，就不会争取到宽松的发展空间，更不会有长期的收益。"

在面对巨大的压力时，郑总裁懂得适时后退，最终获得成功。由此可见，"退"还需要相信自己的睿智和勇气。暂时的退让，虽然我们会损失一些东西，但也可以巧妙地解决各种困难，摆脱各种厄运。而且，那些损失远远低于你的所得。既然如此，我们何乐而不为呢？

当然，坚持到底的精神固然难能可贵，但这并不意味着非要在一棵树上吊死。而后退者也并非缺乏进取心，而是他们知道若是再继续硬挺下去，只会适得其反，最终将得不到善终。人生需要适时地"后退"。在面对对手时，后退一步，是为了分析清楚当前的状况，看清前方的道路，如此我们方能避开锋芒，从而更好地前行！

退一步，是心灵的一种释然，也是一种以退为进的大智。这种智，是睿智，是豁达，是不盲目，是不狭隘。"两虎相争，必有一伤"，处处争先只会头破血流，能进能退才是成功者的大智慧。

第三章 寻求和解
——从此与社会握手言和

短信 10

感谢折磨你的人就是在感恩命运

每一次折磨,对我们来说都是一种提升,使我们的人生经验更加丰富。所以,我们要对那些折磨我们的人心存感激,因为他们让你能够时刻检视自己,哪些地方做得不好,哪些地方需要改进,让自己变得更坚强、更优秀。

法国启蒙思想家伏尔泰说:"人生布满了荆棘,我们晓得的唯一办法是从那些荆棘上面迅速踏过。"的确,每个人的人生都难免会遇到不顺心的事,难免会受人折磨,但是我们若想成长,就必须经受折磨。"燧石受到的敲打越厉害,发出的光就越灿烂"。我们只有像燧石一样饱受敲打,才会更加磨炼我们的意志。因此,我们要感谢敲打我们的人,感谢折磨我们的人,因为,是他们教会了我们成长。

一位哲人说过:"任何的学习,都比不上一个人在受到屈辱和折磨时学得迅速、深刻和持久,因为它能使人更深入地了解社会,接触社会现实,使个人得到提升与锻炼,从而为自己铺就一条成功之路。"面对生活的折磨,面对折磨我们的"仇人",多数人都会心存怨恨,总是费尽心思地去"报仇",以牙还牙,到人生的最后也不会有所成就;可如果你能坦然地面对这些折磨,能淡定地对待折磨我们的人,并对他心存感激,视其为激励自己前进的动力,那么你终将成为一个战无不胜的勇士。

康熙大帝在执政60年之际,特举行了"千叟宴"以示庆贺。宴会上,康熙敬了三杯酒。

第一杯酒敬孝庄太皇太后，感谢孝庄太后辅佐他登基，并帮助他一统天下；第二杯酒敬众大臣及天下百姓，感谢众大臣为朝廷尽心尽力，感谢天下万民俯首农桑，护佑天下昌盛；康熙端起第三杯酒，大声说道："这杯酒我敬给我的敌人，吴三桂、郑经、葛尔丹还有鳌拜。"众大臣目瞪口呆，都以为自己的耳朵听错了。康熙接着说："是他们逼着朕建立了丰功伟绩，没有他们，就没有朕的今天，所以，我要感谢他们。"

对手的出现会迫使你努力地投入到"斗争"中，并想方设法战胜对手，成为胜利者。其实，同对手的对抗过程，才是真正磨炼自己的时候。从这一意义上说，你的敌人就是你前进的动力，是促使你走向成功的催化剂。

在生活中，我们也会经常碰到类似的情况。顶头上司有勇无谋，我们往往会因为他对我们的武断否定而突发要去成功的念头；别人一个轻蔑的眼神，一句不经意的嘲讽，真是令人难以忍受，因此，我们会奋发向上，做到比他强。

1817年，维克多·格林尼亚出生在法国的瑟尔堡，他的父亲是一家造船厂的厂长，家里的经济条件十分优越。从一出生，父母就对他疼爱有加，正是这种优越的家庭环境和父母的娇生惯养，使他养成了许多不良习惯，成为远近有名的花花公子。

在格林尼亚21岁那年，他在参加一个上流社会举行的舞会上遇见了一位气质非凡的姑娘。正值青春期的格林尼亚对这位姑娘一见倾心，便上前邀请这位姑娘与他共舞一曲。可令他尴尬的是，那位姑娘却毫不留情面地拒绝了他："你是谁呀？请离我远一点！"

这句话深深地刺痛了格林尼亚的心，不过也使他下定决心，一定要做一番成绩出来，让别人知道自己并不是一事无成的混混。于是，他不顾父母的阻拦，毅然离开了家，独自一人来到了里昂。他到里昂后，便

第三章 寻求和解——从此与社会握手言和

开始刻苦学习，经过多年的努力后，他考进了里昂大学，并在 1901 年以论文《格氏试剂》获得了博士学位。

在格林尼亚离家出走 8 年之后，他终于创造了一番成绩出来。1912 年，他发明了格氏试剂，这个发明对当时有机化学的发展有着重要的影响，他也因此获得了诺贝尔化学奖。很快，格林尼亚获奖的消息便传遍了整个国家，乃至世界，许多人都写信向他祝贺。在无数的祝贺信中，有一封信的内容引起了他的注意："格林尼亚，你真是一个大有作为的人，我永远都会敬爱你！"信尾的署名，正是当年那个在舞会上拒绝他的女孩子。

格林尼亚看完信后，考虑了一会儿，便拿起笔给她写了回信：我之所以能有今天的这番成就，还要感谢你。我的成就中有一部分的功劳是属于你的，正是因为你那次在舞会上的拒绝，让我彻底醒悟过来了！你的拒绝让我下定决心要创造出一番成绩。所以现在，我要对你说一声"谢谢"！

有人说，格林尼亚是被骂出来的诺贝尔奖得主。看来的确如此，如果没有那个女孩子伤及他自尊的辱骂和嘲笑，格林尼亚也不可能从一个无所事事的花花公子变成一位伟大的科学家，正是折磨他的人激励了格林尼亚。

心理学上认为，当我们受到的打击超过了我们内心所能承受的最大限度时，我们就会爆发出一种强大的力量，这股力量会驱使我们去成功，要以此证明给他们看。正是这种力量给了我们成功的信念和坚持下去的勇气，最终证明自己的价值。

在我们身上或者我们的亲友身上，你应该会经常见到这样的情况：人要是在顺境的时候，有很多人会主动地接近你；而人要是走上了下坡路，逆风而行时，有很多人会远远地离开你。就如贺炜的情况一样。

贺炜与女朋友已经恋爱 5 年了，他们决定元旦就结婚。

可是眼瞅着结婚的日子就要到了，可女友突然消失了，只给贺炜留下一张纸条，上面写着："对不起，我们还是算了！"贺炜看到纸条后，伤心欲绝。他知道，女友是因为自己的失业而投向了别人的怀抱。

本来在事业上一帆风顺的贺炜因为公司的倒闭而丢了工作，但是贺炜并没有因此而气馁，因为他还有一个爱他的女朋友。然而，现在最爱的人也走了，贺炜的心彻底凉了。不过贺炜并没有就此消沉下去，痛定思痛后，他对自己说："她的离去，并非是一件坏事，我必须努力，来证明我是打不倒的！她离开就离开吧，也许她根本就不值得我去爱。"

一次偶然的机会，贺炜在一位老朋友的资助下，凭着自己的能力，开办了两家物流公司，慢慢地又东山再起了。后来，经朋友介绍，他和一位刚刚毕业的硕士研究生确定了恋爱关系。

贺炜是不幸的，同时，贺炜又是最幸运的。如果贺炜的女朋友没有离开他，也许现在的他还在为别人打工呢。而正是女友的离去，让贺炜认清了现实，感受到了前所未有的危机，从而奋发图强，获得了事业、爱情的双丰收。因此，对于身处逆境时离开我们的人，我们也要衷心地对他们说声"谢谢"，因为正是他们的离去，让你变得更加强大，面对危机的时候，清醒地认识到：只有自己才能拯救自己。

如果说，对你好的人是在"帮助你成功"，那么，折磨你的人则是在"逼迫你成功"。感谢那些曾经为你铺设障碍、看不起你，以及在你最艰难的时候离开你的人，正是他们让我们变得更加坚强、更有韧劲。他们给了我们一双看透世界的眼睛，从而让我们更加了解这个世界。为此，千万不要怪他们，而应该时刻对他们心存感激，是他们让你在折磨中体会到一种幸运和满足，是他们让你的世界变得更为鲜活、温馨和动人。

第四章

挑战自我
——时时刻刻做自己的主人

人走出安逸的"舒适区"时,往往会感到痛苦,因为习惯了过去的生活方式和思维方式,即便内心愿意改变,也可能会在痛苦面前止步。挑战自我、做出改变,着实不易,但真正强大的人不会因此而退却,他会重新认识自己,克服自卑和自傲,就算过程再艰难,也坚持做自己的主人,操控心智,最终超越自我!

短信 1

告诉自己"我能行"

每当强者想要实现某一个目标的时候，就会不停地告诉自己"我能行"、"我一定会成功"。只有想不到的事，没有办不到的事，强者从不轻易说不会做一件事，而是会想尽一切办法去做好这件事。

在棘手的问题面前，我们经常会听到"我不行"之类的声音。
"我做不了这事。"
"我的能力有限。"
"抱歉，我不会，你找他人做吧！"
……

其实，世界上本没有什么倚仗魔力便获得成功的人，刚开始时，人们都站在同一条起跑线上，谁也不是天生就注定是杰出和伟大的。那为什么别人能做的事情我们总做不到呢？张瑞敏的这句话很好地回答了这个问题，"不是因为有些事情难以做到，我们才失去了斗志，而是因为我们失去了斗志，那些事情才难以做到。"

平庸之辈与成功者的最大区别就在于：平庸之辈只要稍微遇到一点困难，就会在心里默默地否定自己，告诉自己"我不行"；而成功者不管环境有多么恶劣，不管现实有多么残酷，他都不会怀疑自己的能力，任何时候都会跟自己说"我能行"，最终才取得辉煌的成就。

森林里，动物们正在举行一年一度的狂欢节。

第四章 挑战自我
——时时刻刻做自己的主人

一只雄鹰被很多动物簇拥着，它正在自豪地讲述它的经历：它曾飞到了遥远的埃及，在金字塔尖上看风景。

动物们十分羡慕地说："除了雄鹰，还有谁能到得了金字塔尖呢？"

突然，一个苍老的声音响起："我去过。"

动物们循着声音找去，找了半天才发现，说这句话的是钻在草丛里的一只老蜗牛。

"就你？怎么可能？你走路这么慢，怎么可能爬到过金字塔顶，骗人！"孔雀说。

"我没有骗人，不信我可以讲给你们听我在埃及的所见所闻。"老蜗牛慢条斯理地讲起了旅行的经过。

动物们惊讶地发现，老蜗牛讲得比雄鹰还要详细。

后来，雄鹰又认真地问了几个细节问题，蜗牛都能很详细地讲出来。雄鹰对大家说："它的确去过金字塔尖！"

这时，百兽之王狮子说了这么一句话："看来，只要有心，即使一只蜗牛也能爬上金字塔。"说完后，它对那只勇敢的蜗牛深深地鞠了一躬。

其实，我们每个人都能如这只蜗牛一样，做到很多他人想不到的事，只要相信自己"我能行"，并为自己的目标付出努力，谁都可以成功。

每当强者想要实现某一个目标的时候，就会不停地告诉自己"我能行"、"我会成功"。不要小看"我能行"这三个字的力量，这可不是在简单地念口头经。告诉自己"我能行"，其实是一种潜意识，世界潜能大师博恩·崔西曾经说过："潜意识的力量比意识大三万倍以上。"所以，潜意识的力量不容小觑。

如果我们能够不断地对自己说"我能行"，在这样反复地输入后，我们的潜意识就可以接受到这样一个指令，那么我们所有的思想和行为都会配合着这个想法，朝着目标前进，直至达到目标。

给现实社会的善意短信

小苏在刚刚去美国的时候，全身上下还不到 50 美元。为了生计，他先做起了搬运工的工作。一天，都到了休息时间，老板却又叫小苏把仓库里堆得乱七八糟的麻袋摆放整齐。小苏虽然心里很不情愿，但为了不失去这份工作，他还是忍了下来，照做了。不过当时的他就暗自发誓：我不能一直停留在这里，我一定要在美国干出点名堂来，否则绝不回国。

转眼半年过去了，当地一位著名的教授要招一名助教。这则招聘广告引起了小苏的注意，他想：这次机会难得，若是能得到这份工作，不仅会有丰厚的收入，能学到很多的东西，而且还能接触到最先进的科技资讯。于是，他立刻报了名。

肥肉自然人人都想咬一口，报名应聘此工作的人很多。经过初步筛选，取得报考资格的各国学者有 30 多人。小苏的一位好友劝他不要浪费时间自讨没趣，但是小苏却想坚持到最后，他可不想再去累死累活地扛麻袋，不想整日泡在饭店里洗盘子。不就是个考官吗？我何必怕他呢？小苏调整好心态后，如期参加了考试。

他的自信使他很放得开，在考试中表现极佳，顺利地成为了一名助教。

第一天去上班的时候，教授微笑着说："你知道你为什么被录用吗？"小苏笑着摇了摇头。教授拍拍他的肩膀，说道："你是好样的！在所有的应聘者中，你虽然不是最优秀的，但你的自信是他们任何一个人都无法超越的。我需要的是一个有自信心的助教，我很欣赏你的勇气，这就是我让你来上班的原因！"

的确，如果小苏像其他留学生一样，在潜意识中就认为自己不行，自信心不足，那他也会被眼前的困境所蒙蔽，其内心也必然会被消极的暗示所占据，进而打起退堂鼓，又怎会被录用呢？

而当内心充满信心，想尽一切办法去做好一件事时，那就没有什么事情是做不成的。

第四章 挑战自我
——时时刻刻做自己的主人

辛普生出生于旧金山的贫民区内，父母离异，家境贫寒。

6岁时，不幸的辛普生又突然得了小儿软骨病，双腿必须用夹板夹牢。因为支付不起高昂的医药费，用来夹腿的夹板也是家里做的。病痛加上长期的夹板作用，使辛普生的双腿逐渐萎缩，双脚向内翻，小腿很细。

偶然的一次机会，辛普生结识了旧金山飞人棒球队的运动员威利·梅斯基。运动员的飒爽英姿深深打动了辛普生，他萌生了当运动员的想法。

可是，母亲看着儿子已经萎缩的双腿，告诉儿子说这是不可能的。然而，辛普生并不这么认为，他开始为着自己的梦想而努力了。

为了帮助家里挣钱，也为了锻炼腿部的肌肉，辛普生每天都要到街上去卖报，到池塘去捕鱼，到火车站装卸行李，到商店做售货员。闲暇之时，他便会到附近中学的操场练习打棒球。

每当遇到困难，或者自己的双腿开始疼痛时，辛普生都会告诉自己："我能行！"

长久的锻炼终于得到了回报，辛普生的腿部肌肉慢慢恢复正常了。这样一来，他练习棒球的次数也越来越多，练习时间也越来越长了，他的技术也越来越好。最后，他终于凭借他不同凡响的表现，成为全美国最杰出的棒球运动员之一。

一个人有多大的信心，就会有多大的才能施展平台。辛普生虽然只是一个无名小卒，而且还有过小儿软骨病的病历，但与常人不同的是，他满怀信心，始终坚信"我能行"，在这种潜意识的引导下，勇往直前，不被自身的条件所限制，不因旁人的不看好而退缩，不断超越自己，最终成就了人生的辉煌。

不管这个社会有多么残酷，充满自信的人总是能够坦然地面对眼前的所有，面对生活赋予他的一切，无论是苦是甜，是悲是喜，是痛还是乐，他们都有勇气去承担这一切，即使遇到失败或残缺的生活也不会动摇，对未来始终充满希望。

从今天开始，就经常对自己说"我能行"吧！

短信 2

善于挖掘自己的潜力

强者并不是天分比他人有多强，而是他们挖掘潜力的能力比别人强。只有确立找准自己的位置，从自己的长处入手，并抓住机会充分发挥这一优势，才有可能使自己的人生绽放出最亮丽的光芒。

有些人总是会将自己的无作为归结为自己天生就没有聪明的头脑，其实，每个人都是带着成为天才人物的潜力来到人世的。正如歌德所说："每个人都有与生俱来的天分，当这些天分得到充分发挥时，自然能够为他带来极致的快乐。"你也是带着幸福、健康、喜悦的种子来到人间的。每个人都是如此。

那既然如此，可为什么每个人的成就却会相差各异呢？甚至有着天壤之别呢？这除了取决于后天的努力与否外，还有重要的一点就是一个人是否会发现自己的潜力，并能将自己的潜力挖掘出来。强者之所以能成功，就是因为他们不仅善于观察世界，也善于观察自己。

汤姆逊是个物理迷，但是研究物理必须理论和实践相结合。而他却偏重于理论物理的研究，在使用实验室工具方面却感到非常烦恼，因为他有一双"笨拙的手"。为此，他专门找了一位在实验物理方面有着特殊能力的助手，从而避开了自己的弱项，发挥了自己的优势。最后，终于在物理研究方面取得了骄人的成绩。

珍妮·吉多尔十分清楚自己并不是特别聪明，但在研究野生动物方

第四章 挑战自我
——时时刻刻做自己的主人

面,她自认为自己超强的毅力和对动物研究的浓厚兴趣会使自己在这一行有所成就。所以她没有去研究数学、物理,而是到非洲丛林里考察黑猩猩。最后,终于成为一个在野生动物研究方面颇有成就的科学家。

每个人都有很多长处和逊于他人的地方,汤姆逊的长处就是理论物理的研究,弱势就是物理实验的操作;珍妮·吉多尔的优点是有超强的毅力和对动物研究的浓厚兴趣,弱势就是没有过人的才智。他们之所以能成功,就是因为他们懂得扬长避短,善于发掘并运用自己的优点,确信自己在哪方面会做出成绩,便开始向这方面发展,逐步迈向成功。

在强者的成功之路上,优点是促使他们走向成功的关键之所在。如果看不出自己的优点和才能,便会像生活中的大多数人一样,庸庸碌碌一辈子。

在职场中也是如此,如果你丢开自己的优势和才能,在自己不擅长的领域里寻求发展。那么,无论你从事什么职业,都将难逃失败的命运。也就是说,一个人若是在自己不擅长的工作岗位上,即使费尽九牛二虎之力,到头来,最多也不过只能达到一个业余专家的水平。这是因为,当你撇开了自己最擅长的工作,无异于抛弃了你最重要的竞争优势,等于扬短避长。选择不对,是很难会有较好的发展的。

因此,你要想在工作中取得成功,就要选择自己最擅长的工作。

赵诗琦从某知名大学毕业后,就以优异的成绩被学校推荐到了深圳一家外贸企业做市场调研统计员,其手下还有两名辅助她工作的办公室文员,这也算是一个小小的领导了,而且工资待遇都还不错。

刚从学校毕业后就能找到这样的工作真是不容易,赵诗琦觉得很满足,所以她下定决心要把这份工作做好,不让领导失望,也不给学校的脸上抹黑。

但是,工作并不是光靠有坚定的信心就能做好的,由于她自身缺乏必要的工作经验,所以工作做起来很是吃力。再加上市场调研统计员的工作是要与数字打交道的,这令从小就对数字不来电的赵诗琦很是头痛。所以,明明是正常工作时间就能完成的工作,但是她加班加点到很晚也完成不了。

时间一久,工作任务越积越多。面对一大堆的工作任务,赵诗琦真是头都大了。巨大的工作压力使她心烦气躁,晚上还经常失眠。这样一来,她的工作更是做不好了。为此,公司领导还专门找了她谈话,并给了她两个月的时间,若是在这两个月还是做不好工作的话,她就会面临被辞退的危险。

后来,赵诗琦就认真地分析了一下自己现在的状况。为什么工作做不好呢?以前自己在学校里可还是尖子生呢。很快,她找到了自己工作吃力的原因,认为自己之所以不能做好工作主要是因为自己不善于做数字统计造成的。她觉得自己比较擅长管理方面的工作。

于是,赵诗琦便把自己的问题告诉了公司领导,并要求调换工作。领导鉴于她以前工作勤奋,态度端正,而正好行政部还有一个空缺,便将她调到了行政部做人事和后勤管理工作。

在行政部工作期间,赵诗琦充分发挥了自己的才能,对工作产生了极大的热情和动力,再也没有以前的压力了。

两年后,她就以突出的表现,被提升为行政部副经理。

赵诗琦正是由于在工作中及时发现了自己的优势,并挖掘出自己的潜力,所以才在适合自己的岗位上做出了不凡的业绩。不过,要想做最擅长的事,你必须认清自己真正的才能和能力。也就是一定要知己,而且要实事求是,不要轻视自己,也不要高估自己。自己先想清楚,自己擅长的优势最适宜在什么领域发展,在这个领域内你能达到成功的限度是什么,这是给自己找一个最适合领域的最基本条件。

然而,有些人却很难发现自己身上的优势,他不知道自己最擅长之处是什么。如果你身上有这种问题的话,这就说明你对自己不够自信。虽然每个人的出身不同,但每个人身上都有优势,都有自己专长的领域

第四章 挑战自我
——时时刻刻做自己的主人

和脱颖而出的能力。要想找到自己的专长，首先就要有自信，相信自己不是上帝的"败笔"，相信自己身上一定有他人所不及的优势，并勇于挖掘并发挥优势，最终使自己早日迈向成功。

总之，一个人要想获得成功，要想实现人生价值，想让自己在工作中游刃有余，首先就要确立好自己最适合的位置。只有从自己的长处入手，抓住机会并充分发挥这份优势，最终才能使自己的人生绽放出最亮丽的光芒。

短信 9

战胜自己就能赢得一切

在强者看来，人生最大的挑战就是挑战自己，这是因为别人都容易战胜，唯独自己是最难战胜的。很多人失败，通常是输给自己，而不是输给别人。如果不做自己的敌人，世界上就没有敌人，只有努力超越自己，才能成为真正的赢家。

每个人的生活中时常都会面临挑战，当我们与困难作过一番斗争，并赢得最后的胜利时，我们的内心是否坦然、自在、欢喜，却往往不为外人所知。有时候，获胜者不一定是赢家，有时他们只是超越了别人，不一定超越了自己，而真正的赢家则是超越了自己的人！

正如拿破仑在他几乎统治半个地球的全盛时期所说的一句话一样，"我可以战胜无数的敌人，却无法战胜自己的心。"现实生活中，我们也经常会有此同感。

在一所学校的运动会上，正在举行的项目是100米短跑决赛。随着一声枪响，选手们都奋不顾身地向终点冲去。

不出所料，宋江川又稳拿这个比赛项目的冠军。

同学们都簇拥着他向他表示祝贺，可是在宋江川的脸上，却看不出丝毫的高兴。这时，体育老师走过来问他："怎么了，江川？拿了冠军，怎么还一脸的不高兴啊？"

宋江川看看老师，摇了摇头，遗憾地说："是啊，这次比赛我是拿了冠军，可是这次的成绩还没有平时训练时的成绩好呢，我怎么能高兴得起来呢？"

这次比赛，宋江川确实取得了第一名，不过他内心深知，他只是超过了别人，但并没有超过自己。

有位作家说得好："把自己说服了，是一种理智的胜利；自己被自己感动了，是一种心灵的升华；自己把自己征服了，是一种人生的成熟。大凡说服了、感动了、征服了自己的人，就有力量征服一切挫折、痛苦和不幸。"

罗伯特·菲利浦是美国的一位专门从事个性分析的专家。有一次，他在办公室接待了一个因企业倒闭而负债累累的落魄者。

落魄者站定，罗伯特从头到脚仔细打量着眼前的人：茫然的眼神、沮丧的表情、乱糟糟的头发、像有十多天未刮的胡须，还有一副紧张的神态。

罗伯特看完这个人后，对他说："我没有办法帮助你。但是本大楼有一个人能帮到你。如果你想东山再起的话，我可以把你介绍给他。"罗伯特刚说完，这个人立刻跳了起来，抓住罗伯特的手，激动地说道："谢谢您，我愿意，我愿意，请您马上带我去见他。"

罗伯特带他走到一块窗帘布前面，然后把窗帘布拉开，露出一面足够照出一个人全身的大镜子。罗伯特指着镜子对落魄者说："我要给你介绍的就是这个人。在这个世界上，只有他能够使你东山再起。你觉得你的失败是输给了外部环境或者别人了吗？那你就错了，其实，你只是

第四章 挑战自我
——时时刻刻做自己的主人

输给了你自己。"这个人朝着镜子走了几步，对着镜子里自己的影子，从头到脚打量了几分钟，然后突然蹲下，哭泣起来。

几天后，罗伯特在街上又碰到了这个人，但是你怎么也不会把他和之前的落魄者联系起来：他西装革履，步伐轻快有力，昂头挺胸，脸上干干净净，面带微笑，一副自信满满的样子。后来，这个人真的东山再起，成为芝加哥的富翁。

人生在世，像故事中的主人公一样遭遇挫折是很平常之事，而如果在落魄时就觉得自己是世界上最倒霉的人，以后便自暴自弃，一蹶不振，那么便会落得如主人公一样的下场。其实，很多人失败，通常是输给自己，而不是输给别人。因为自己如果不做自己的敌人，世界上就没有敌人。

别人如何打败你并不是重点，重点是你是否在别人打败你之前，就先输给了自己。若要战胜自己，我们就不能受成败得失的左右，不能受生死存亡等种种有形或者无形条件的影响，只有冲破"自我设限"的樊篱，端正自己的态度，重新找回自信心，我们便会战无不胜，超越自己，进而赢得一切。

在美国，有个名叫亨利的年轻人，虽然已到而立之年，但他却依然一事无成，整天无所事事，只会抱怨连天。

有一天，他的一位好友兴高采烈地找到他："亨利，你快看看这杂志上的这篇文章，上面说拿破仑有一个私生子现在就流落在美国，他私生子的特征几乎和你一模一样：个子很矮……讲一口带有法国口音的英语。"亨利拿起那份杂志琢磨了半天，刚开始时他还半信半疑，但到最后，他终于相信自己就是拿破仑的后代。

从此以后，亨利对自己的看法完全改变了。

以前，他为自己矮小的个头而自卑，但是现在这一点却成了他最为欣赏自己的地方，他逢人便说："个子矮有什么关系？当年我那矮个子的爷爷不是照样指挥千军万马吗？"过去，他总是为自己混杂的英语而懊恼，而今他却以讲一口带有法国口音的英语而自豪。

每当遇到困难和挫折时，他总是对自己说："在拿破仑的字典里没有'难'这个字！"就这样，凭着"我是拿破仑的孙子"的信念，他克服了一个又一个困难。

仅仅一年时间，他便成为了一家大公司的总裁。

后来，他派人调查了自己的身世，但是结论却截然相反。然而他说："我是不是拿破仑的孙子，现在对于我来说已经不重要了；重要的是，我懂得了一个强者成功的秘诀。那就是：当我相信时，它就会发生！"

"坚定的信心，能使平凡的人们做出惊人的事业。"在做任何事情时，如果我们能满怀自信，充分肯定自我，才能超越自我，才可以俯瞰世界。

获胜者不一定是赢家，真正的赢家是不停地超越自我的人，让我们努力地超越自己，然后做一个真正的赢家吧！

短信 4

鲤鱼跳龙门：勇于走出你的圈子

如果舍弃不下熟悉的环境和所谓的"安稳"，总是在自己的小圈子里偏安一隅，便会失去进取与开拓的精神，那么就很难取得成功。只有走出自己的小圈子，打开自己的视野，才能增强自己的实力，才能得以生存，得以发展。

"鲤鱼跳龙门"的故事想必大家都听说过。

第四章 挑战自我
——时时刻刻做自己的主人

龙门的一边是水塘，另一边则是鱼儿们赖以生存的河流。如果想要吃到可口的食物，想尽情地在水中自由游弋，只有跳过挡在它们面前的障碍物——龙门。有的鱼儿为了逃离水塘，在高高的龙门面前毫无畏惧，在经过无数次的尝试后终于跳了过去，成为自由快乐的鱼儿；但是还有一些鱼儿却整天抱怨，希望龙门有一天会消失，但它们却从来不尝试那一跃，只能一直困在水塘中，最终成为人们餐桌上的美味。

"鲤鱼跳龙门"的故事说明了一个道理：敢于打破自己固有"圈子"的人将拥有更加广阔的发展空间，进而才会找到改变命运的机会；而那些死守着"圈子"的人目光短浅、思想狭隘，永远不会有什么突破。

在如今这个竞争激烈的社会环境中，如果总是在自己的小圈子里偏安一隅，便会失去进取与开拓的精神，那么就很难取得成功。只有走出自己的小圈子，打开自己的视野，才不至于把自己封闭在一个固定的圈子里，才能获得更多的商机，赢得更多的客户，汲取新鲜的力量，增强自己的实力，从而获得更大的发展。

刘锦阳初中毕业后，就一直在山村里生活，每天的生活就是割草、喂猪、种地……过几年长大后，等待她的将是结婚、生子。刘锦阳不甘心像村里的其他女孩一样就这样过一辈子，她要走出大山，去看看外面的世界。

于是，她不顾父母的反对和阻拦，毅然走出了大山。

可是刘锦阳文化程度太低，刚到大城市后，她只能靠在一家美容院打零工维持生计。但是，满怀梦想的刘锦阳为了能在城市有立足之地，她便在打工期间，在一家美容学院学了两个月的美容美发。刚开始的时候，刘锦阳每天都要工作至少10个小时，拿到的工资却少得可怜，还要再交纳培训费，她的生活捉襟见肘。为了省钱，她搬到又阴又潮的地下室居住，几乎一日三餐都吃馒头夹咸菜。父母和女伴们得知后，都劝刘锦阳回村里结婚,但是刘锦阳却断然拒绝,仍然坚持留在大城市。

两年后,工作经验已经很丰富的刘锦阳在一个朋友的担保下向银行贷了款,接手了她正在打工的这家美容美发店。不久后,她又自费到济南、烟台、青岛等大城市考察学习先进的美容美发技术。

现在,刘锦阳凭借着专业的美容技术和良好的服务,把自己店里的生意经营得风风火火,年营业额能达到20多万元。没过两年,她已经在这个城市有了真正属于自己的家。为了尽孝,她还把年迈的爸妈接到了大城市享福。而她的那些女伴们现在多半已在山村结婚生子,过着白开水一般的平淡生活。

我们周围处处可见如刘锦阳一样从农村走出来的事业有成的生意人,他们虽然出生在偏远的山村、没有显赫的家庭背景和富足的经济基础,但他们不断顺应时势,适时地改变自己的观念,敢于走出自己的圈子,敢于舍弃下熟悉的环境,才得以生存,才得以发展。

试想一下,如果刘锦阳舍弃不下熟悉的环境和所谓的"安稳",她又怎么会有在大城市奋斗拼搏的勇气,更别提为自己开辟一番新天地了。

英国成功学家曾说:"一个人如果在五年之内都没有变化,那将是一件非常可怕的事情,因为那就意味着你只能一辈子这样过下去了。"如果我们被一个小圈子所局限,那就会变得见识短浅,生活又哪会有"弹"起来的空间?又哪会有绵绵活力和无尽的创造力?又怎会实现心中那宏大的梦想呢?

所以,如果我们不甘心一直坐在井底,只张望井口那么大的天空的话,那么就请放开胆量,敞开自己的心扉,鼓足勇气从过去的小圈子里走出来吧,这样的话,或许我们就能体会到"山重水复疑无路,柳暗花明又一村"的美好境界。

有一种毛毛虫有着"跟随者"的习性,它们总是盲目地跟着前面

第四章 挑战自我
——时时刻刻做自己的主人

的毛毛虫的脚步走。法国科学家法伯为此曾做过一个著名的"毛毛虫"实验。

法伯把若干个毛毛虫放在一个花盆的边缘上,使它们首尾相接,围成一个圆圈,然后在花盆周围不到6英寸的地方撒了一些毛毛虫最喜欢吃的食物。

毛毛虫开始行走了,它们一个跟着一个,绕着花盆走了一圈又一圈。一个小时后,它们仍是这么走着;一天过去了,毛毛虫还是不停地绕着圈转悠;一周过去了,毛毛虫终于停下了脚步,它们终因饥饿和精疲力竭而死去。

看着毛毛虫的悲剧,法伯在实验笔记中写下了这么一句话:在这么多毛毛虫中,其实只要有一只稍与众不同,大胆尝试,走出圈子,便能立刻逃出死亡的命运。

无论是哪个行业领域的人,总有一些人像这种毛毛虫一样,总是踏着前人的脚印,亦步亦趋,最终落得跟毛毛虫一样的下场。但是,也有一些人大胆尝试,开拓进取,勇敢地走出既定的圈子。

俗话说:"万事开头难。"诚然,走出圈子也是需要勇气和付出代价的。

翻开人类的历史看看,哥白尼、布鲁诺……正是由于这无数的勇士披荆斩棘,敢于打破旧理念的束缚,才有了社会的飞速发展,人类的阔步前进。如果我们都是亦步亦趋,随波逐流,那现在的我们可能还生活在愚昧无知的封建社会,甚至奴隶社会。这样的话,社会还怎么进步?生产力又怎会提高?

外面的世界很精彩,从小圈子中走出来,融入人生大舞台,放飞自己的无限遐想和活力,很多时候我们就会有不同的发现,说不定困扰也会迎刃而解,从而让自己的人生旅程更加丰富多彩,更加绚烂多姿!

为了新生,请走出圈子;为了明天的精彩,请走出圈子。

短信 5

跨越思想的栅栏

成功的阻碍一部分来自外部的阻碍，而另一部分则是来自思想的阻碍。解放你的思想，打破固有思维带给你的栅栏，换一个角度，发挥创新思维，也许机会就会在不经意间惠顾你，在你迈出困境的同时，也许就会获得柳暗花明的改变。

从呱呱坠地到盖棺论定，从衣食住行到定国安邦，从平民百姓到公子王孙，每一个人都会遇到各种各样、大大小小的生活难题。这个时候，绝大多数人在还未曾仔细思量这个困难的程度到底如何时，就预先在自己心底放下了栅栏。一旦栅栏放下之后，再想跨越就不是那么简单的事了，最后甚至会碰得头破血流，自然也就不可能取得多大的成功。

然而，成功者在遇到阻碍时，却不会急着放下自己心底的栅栏，而是会去仔细反复地推敲思考，找出问题真正的关键所在，进而才可以很轻易地征服它。

科学家们曾经进行了这样一项实验：

将六只蜜蜂和六只苍蝇分别装在两个一模一样的玻璃瓶中，然后将瓶子平放，使瓶底朝向明亮的窗户。

几分钟后，科学家们发现，六只蜜蜂都死掉了，被累死或饿死；而那些苍蝇们则穿过另一端的瓶颈全部飞了出去，获得了自由。

为什么会出现这样的结果呢？

原来，蜜蜂喜欢亮光，它们认为出口必然是在光线最明亮的地方，

第四章 挑战自我
—— 时时刻刻做自己的主人

于是就不停地想在较亮的瓶底处找到出口，即使撞得头破血流，精疲力竭，它们仍不停地重复着这种看似合乎逻辑的行动；而那些苍蝇们头脑简单，对事物的逻辑关系毫不留意，它们全然不顾亮光的吸引，四处乱飞，结果误打误撞地找到了出口，获得了自由和新生。

在不为人知的一个角落里，永远藏着一个通向光明的出口，等待人们去发现。如果我们总是经年累月地按照一种既定的模式生活，惯用常规的思维方式思考问题的话，就会很容易陷入旧的思维模式的无形框框中。

但若是我们高瞻远瞩，能够尽快摒弃以往的工作经验和思维模式，转换一种思维方法，问题便可以迎刃而解，生活也会出现新的转机。

有一名男孩，因为总是不好好吃饭，所以身体偏瘦，体重不足，爸爸妈妈怎么教育都无济于事。后来，爸爸就想："如果我把我所要的变成他所要的，那这问题不就解决了吗？"

一天，小男孩从外面哭喊着跑回了家中。原来，小男孩有一部自行车，他总喜欢在家门口骑来骑去地玩耍。而邻居家有个比他稍大的大男孩，当他看到小男孩骑着好看的自行车时，便强行把小男孩从自行车上拉下，把车抢去骑。妈妈听完小男孩的哭诉后，立刻跑了出来，把大孩子拉下来，把小男孩再抱上去。

后来，这样的事情又发生过几次。

慢慢地，小男孩的爸爸也听说了此事。他本想去跟大男孩的父母说一下，让这两个孩子和睦相处。可是转念一想，这不正是引导自己的孩子好好吃饭的最好机会嘛！小男孩要的是什么？这不是明摆着吗？他的自尊。

想及于此，爸爸便叫来小男孩，告诉他说："有一天，你可以把那个欺负你的大男孩战胜。"

小男孩瞪大眼睛看着爸爸，问道："真的吗？"

爸爸呵呵一笑，说："当然可以了，你要想战胜他，就必须使自己强壮。而要想让自己变得更加强壮，你就必须好好吃饭，不能挑食。"

因为总想着能狠狠痛揍一顿大男孩，小男孩就不再挑食了，菠菜、咸鱼，以及以前很多他不爱吃的食物，现在他都吃得津津有味，身体自然健康得多了。

世界上的事就是这样，当你遇到困难的时候，只要你设定这样的思路，打破固有思维带给你的栅栏，那么机会也许就会在不经意间惠顾你。

我们心中的栅栏多是由固有的思维模式和思维习惯设立的，要想跨越这个栅栏，并非一件很简单的事。尤其在竞争激烈的现代社会，成功不是硬拼硬的命，而是创造性思维的结果。

美国艾士隆公司是一家专注于生产芭比洋娃娃，还有小熊、小狗等毛茸玩具的企业。

刚开始时，市场销售量一直不错。但是后来，随着市场上生产玩具的厂家越来越多，美国艾士隆公司陷入了疲软的经济状态。公司这种经营情况，令董事长布希耐着急万分，心烦意乱。

一天，布希耐驾车到郊外散心。在河边，他看到几个小朋友正在玩一只肮脏不堪，异常丑陋的昆虫，而且还玩得不亦乐乎。敏感的布希耐当即就意识到，美观、可爱的玩具固然能吸引一定的消费者，但是现在这样的市场状况，是不是应该反其道而行呢？

想到这里，布希耐立即驱车返回公司，召集公司设计部门的人员商讨了研制一套"丑陋玩具"的方案。很快，外表狰狞的"病球"、"粗鲁陋夫"，臭得令人作呕的"臭死人"、"狗味"、"呕吐人"等丑陋玩具出炉了，并且很快推向了市场。

出乎人们预料的是，虽然这些玩具异常丑陋，但却深受儿童的欢迎。这一创举还引发了美国行销"丑陋玩具"的热潮，艾士隆公司也

第四章 挑战自我
——时时刻刻做自己的主人

获得了丰厚的利润。

布希耐摆脱束缚思维的固有模式，敏锐地捕捉到了孩子们喜欢"丑"玩具这个有创造价值的信息，打破常规思维，才使公司转危为安，可谓是"运筹帷幄之中，决胜于千里之外"。

一位心理学家曾经说过："只会使用锤子的人，总是把一切问题都看成是钉子。"就好像卓别林主演的《摩登时代》里的主人公一样，由于他的工作是一天到晚拧螺丝帽，所以一切和螺丝帽相像的东西，他都会不由自主地用扳手去拧。

事不分大小，从变换午餐的新花样到测试公司由来已久的问题解决方案，都可以有新的变化。只要我们解放自己的思想，放下固有的思维模式，拒绝维持现状，这样便能找到成功的突破点，那么离成功也就不远了。

短信 6

不断进取，才能遥遥领先

过去的已不会再来，人生的每一天都是一个新的起点，都是一片蓄势待写的空白。不管你现在有多大的成就，你都不可以满足于所拥有的，只有不断追求，不断进取，才有可能迈向更高的山峰，取得更大的成就。

在当今工作中，经常可以看到这样一种现象：领导要求某员工将工作做得再细致些，可员工的回答却是："差不多就行了，那么认真有什么用啊？"

给现实社会的善意短信

"差不多"三个字说来简单,但却反映出一个人对工作、对生活,甚至对人生的态度,体现出这个人做事不负责,缺乏进取精神。如果人人对事情都抱有"差不多"的心态,小则只是不会把事情做到完美;大则就会导致社会停滞不前。

不要以为这是危言耸听,在风云变幻的社会中,不思进取就会吃亏,就会落后。古往今来,有多少活生生的因不思进取而吃亏的例子就曾在历史上上演。

若不是因为清朝政府的故步自封、不思进取,八国联军又怎会有机可乘,在我国大肆抢掠?世界著名园林圆明园又怎会被焚为灰烬?导致我国丢失了很多珍贵的财宝,损失了大量的财富。

太平天国初期,农民起义军一举攻占天京,又通过西征、北伐,巩固了政权,与清政府形成对峙,取得了骄人的成果。但是起义的领导者们以为手握的政权已经足够了,因此便满足于现状,不思进取。结果导致天京沦陷,起义失败。

我们生活中的一切东西都在折旧,没有什么东西可以永远保持它当初的价值,不思进取的后果就是:瞬间就会被甩到后面。清政府的落后和太平天国起义军的失败就很好地说明了这个道理。

有很多人在经过艰辛的努力和奋斗后,终于使许多梦想变成了现实;然而,当他们在取得了一点小小的成功时,便开始懈怠起来,失去了往日的那种进取心,放松了对自己的要求,以至于慢慢地下滑,最后终于跌倒。

乔治·贝斯特曾是北爱尔兰最杰出的足球运动员,他不仅有着高超的控球技术,而且其左右脚功夫和头球功夫更是令人叫绝。

1967年,贝斯特帮助曼联队夺得了欧洲冠军杯,并让曼联队顺利进入英格兰第一足球俱乐部。贝斯特在曼联队待了6年,他曾与丹尼斯·劳和博比·查尔顿一起打造了曼联的第二次辉煌时代,同时,他的

第四章 挑战自我
—— 时时刻刻做自己的主人

年薪也节节攀升，创下了曼联史上的最高纪录。

高超的球技，加上年轻英俊的脸庞，使乔治·贝斯特成为各大媒体争相报道的焦点，他简直被捧上了天。名利双收的贝斯特渐渐地有点飘飘然了，整日与酒精和女人搅合在一起。

不过，贝斯特的上镜机会还是很高，但是媒体报道的再不是他的球技，而是他酗酒滋事等的劣迹。

1972年，年仅26岁的贝斯特对外宣布退役。

为了躲避曼联的召唤，贝斯特逃到了西班牙。半年后，曼联对他很是失望，便将他列入出售名单。几天后，曼联又宣布将贝斯特从球队开除。

从此之后的贝斯特真是潇洒极了，他整日饮酒作乐，生活萎靡奢华，早已没有以前踢球时的风采。但是好景不长，他的晚年生活贫困潦倒，在最困难的时候，他甚至将当年获得的荣誉奖杯拿出来拍卖。

后来，随着年龄的增长，贝斯特由于酒精造成的种种病症，曾多次住进医院治疗。2005年11月25日，他终因肾部的炎症引发了肺部的感染而离开人世，终年59岁。

贝斯特的教训告诉我们：过去的荣耀毕竟是过去，如果总是活在过去的荣耀里，停止进取的步伐，你照样会被甩在别人的身后，失去往日的光辉。

追求进步和发展是人类的天性，是自然界的固有本性。不管你现在有多大的成就，你都不可以满足于所拥有的，只有不断追求，不断进取，才有可能迈向更高的山峰，取得更大的成就。

居里夫人在获得了诺贝尔奖之后，并未对眼前的现状感到满足，她仍旧在不断努力，不断进取。

一次，一个朋友去她家做客，看见她的小女儿正在拿着她的金质奖章玩耍。朋友不禁大吃一惊，急忙问她："这是你的荣誉，你怎么能让小孩子拿着玩耍呢？

居里夫人却淡然一笑，说道："我就是想让孩子知道，现在所取得的，只能像玩具一样玩玩而已。绝不能死守着，否则你将一事无成。"

居里夫人正是凭借这种不断进取的精神，才达到了事业上的另一个巅峰。

贝利是20世纪最伟大的足球明星之一，被许多球迷尊称为"球王"。在贝利20多年的足球生涯中，一共参加过1364场比赛，共踢进1282个球，并且曾创造了一个队员在一场比赛中射进8个球的世界纪录。

贝利超凡的球技不仅令亿万观众如痴如醉，而且还常常让球场上的对手拍手称绝。在他个人进球纪录满1000个时，有记者这样问他："在这1000个进球中，您认为自己哪个球踢得最好？"

贝利的回答耐人寻味，就像他的球技一样精彩绝伦，他淡淡地回答："下一个。"

正是因为懂得摘下过去的光环，不沉迷于以往成功的回忆里，贝利才会一直对未来充满憧憬和希望，从而创造出足球场上一个又一个奇迹。

事物永远没有"最好"的时候，一个人成功与否在于他是否做什么都力求更好。人生的每一天都是一个新的起点，都是一片蓄势待写的空白。只有不断进取、不断超越，把握好人生的每一天，才能把事情做到更好，才能把空白填满，进而获得成功，创造出新的光环！

第四章 挑战自我
——时时刻刻做自己的主人

短信 7

让自己战胜自卑

与其为自卑而悲观丧气，庸碌一生，不如抛弃过去的自我，将自卑踩在脚底，将弱点转化为奋斗的力量，扼住命运的咽喉，展现一个全新的自我，从一种沉迷的人生走向一种成功的人生。

"我长得不漂亮，怎么能配上他呢？"

"我家里贫穷，什么都买不起。"

"我能力有限，这辈子都没什么希望当老板了"……有自卑心理的人总是用别人的眼光来过低地评价和挑剔自己，把自己限制在一个劣于他人的境地，认为自己与世间那些美好的事物无缘，给自己设置一连串的"不可能"、"不行"。

自卑心理来自很多方面，大部分来自自身的不足，但也有些人是因为太过在意别人的眼光而总觉得低人一等。由于总生活在自卑的世界里，我们的生活就少了灿烂的阳光。而实际上，在你周围的人群中，你并不是很差的那个人，比你强的也并没有你想象得那么多。如果能认识到这一点，鼓足勇气从黑暗中走出来，你就有机会看到生活中那光亮的一面，朝着光明走去，阴影则会被你远远抛在身后。

童年时代的基安勒生活拘谨，不善言谈，而且胆小怕事，一生碌碌无为的父亲还经常跟他说："从你现在的样子就能看出来，你将是一个一事无成、毫无出息的人！"这更让他沮丧，他感到自己前程渺茫。因此，痛苦和自卑成为他的主要情绪。

有一天，在父亲的又一次打击过后，他把父亲的话告诉了母亲。母亲摸着他的头说："孩子，你是这个世界上独一无二的人，世界上没有谁能跟你一样，相信自己。"母亲的一番话使基安勒的心里燃起了希望之火，他认定自己是第一，没人比得上他。渐渐地，他不再自卑，变得勇敢而果断。

长大后，他去了一家汽车销售公司应聘。别人都拿着印制的名片或者自制的简历去应聘，而唯有他给了这家公司的秘书一张黑桃A的扑克牌作为自己的名片。

特殊的名片自然引起了经理的注意，他立刻得到了面试的机会。

经理问他："你是黑桃A吗？"

他注视着经理，大声地说道："是的。"

"为什么呢？"经理继续问道。

"因为它代表第一，而我就是第一。"基安勒坚定地说。

显然，基安勒被录用了，而且在以后的工作中表现得相当出色。

后来，他以一年推销了1425辆车而成了世界第一，创造了吉尼斯世界纪录。

从上述事例中可以看出，自卑只会使一个人停滞不前，而摆脱自卑的最佳良方就是满怀自信。

诚然，面对生命中突然遭遇的不幸，曾经快乐的我们，难免会悲痛、沮丧、手足无措。但是，如果我们长期陷入不幸的打击中难以自拔，那么就会对身心产生不良的影响。这样的后果，就是让你每天活在卑微之中，自暴自弃，丧失了生活最为基本的寻找快乐的本领。

这时，若是我们具备良好的心态，在悲痛和沮丧之后能尽快调整自我，这样，不论与你俱来的自身条件如何地限制于你，你便都会应对自如。

丽莎打小就生活在美国中南部地区一个偏僻的小镇上，但是她天资聪慧，勤奋努力，以优异的成绩成了她所在镇里唯一考上哈佛的人。

第四章 挑战自我
——时时刻刻做自己的主人

在她收到哈佛大学的录取通知书后，当地的人，包括她自己都为能到哈佛上学而感到自豪，她觉得自己是最棒的。但是，开学没多久，丽莎就开始闷闷不乐了，她忽然感觉自己好笨，认为自己是这世上最无知的人。原来，她好几门功课都听不懂，而且说话还带着乡音，穿着打扮也显得很老套，另外，许多大家都知道的事自己却一无所知，而许多她知道的事大家又觉得好笑。丽莎总是感觉到有无数双眼睛在看着自己，总觉得别人在对自己指指点点，在议论嘲笑自己。

种种的"不适应"让她很是后悔自己来哈佛上学，因此，她也就更加怀念在家乡的日子，因为在那里，没有人瞧不起她。

感到孤独无助的丽莎，在无奈之下，向心理医生咨询求助。

心理医生听完她的述说后，说："你已跨入了一个新环境，一个人类成长的'新世纪'，可你的思想却仍停留在过去的'旧世纪'。对于生活的种种挑战，你没有想方设法去学着适应，而是缩在一角，惊恐地望着它们，抱怨自己的无能与不幸。以前的你对于能来哈佛上学感到自豪，而现在的你却对这一辉煌成就感到麻木不仁。你习惯了做羊群中的骆驼，不甘心做骆驼群中的小羊。同时，你现在还是在用高中生的学习方法去应对大学生的学习要求，这样势必会适应不了现在的学习状态，可你却又不知如何去改变这一现状。你因为自己来自小地方，说话土里土气，做事傻里傻气，就认定周围的人在鄙视你、嫌弃你。可你没有意识到，正是因为你的自卑，才使周围人无法接近你、帮助你。不要只盯着当前的困难与挫折，这样的话，你就丧失了造就下一次人生辉煌的信心。"

的确，生长在中南部地区，来东海岸的波士顿求学的她，面临着一种乡镇文化与都市文化的冲突。只是她没有想到，哈佛对她来说，不仅是探索知识的殿堂，也是文化融合的熔炉。再者，她长相平常，身材也一般，多年来唯一的精神补偿就是出色的学习成绩。可是现在，她的周围都是来自世界各地的"学林高手"，她在这些高手之中，已再无优势可言。现在哈佛的她长相一般,学习又一般,这就彻底打破了她多年的心理平衡点,使她陷入了空前的困惑中。

心理医生又分析说:"你虽然战胜了许多竞争对手进入哈佛大学求学,却在困难面前输给了自己的妄自菲薄。你怨别人,叹自己,看不到自己在新环境中生存的价值,自然就会陷入自卑的沼泽中。不过,你现在面临的困难是你人生中前所未有的,所以你有这样的情绪也在情理之中。其实,初入哈佛大学的学生,像你一样有种种焦虑与自卑情感的人很多,我就见到过很多例,这在哈佛很普遍。

"要想改变现状,你就要在哈佛建立新的心理平衡点,只有跳出往日光辉的'怪圈',全身心投入'新世纪',才能重新振作起来。在新的环境里,要学会多与自己比,而不与别人比。如果一定与别人比的话,还要透视到别人在学习成绩、意志等方面不如自己的一面。而想要改善学习成绩,你就要先理清学习中的具体困难,并制订相应的学习计划加以克服和改进。"

同时,心理医生又让丽莎参加了一个哈佛本科生组成的学生电话热线,让丽莎在帮助别人的同时,也结交了不少新的朋友。更重要的是,丽莎在帮助他人的过程中,重新找回了自信心。慢慢地,丽莎感到自己不再是哈佛大学多余的人了,哈佛大学需要她。

有些人常常如丽莎一样,觉得自己与别人有很大的差距,如,家庭出身不如人,学习成绩不如人,社会阅历不如人……总之,自己有各种各样的缺点和不足,而别人却完美无瑕。

这种感觉是极其荒谬的。其实,这些人本来也是很优秀的,但他们在内心里却嫌弃自己,轻视自己。这样一来,他们在这种自卑情绪的引导下,就会丧失自己判断事物的能力,没有了自己的主见。不管遇到什么事情,他们都会用别人的判断标准扼杀掉自己的信心。

也就是说,一个心中被自卑感所纠缠的人往往都是没有自信心的人,试想一下,一个没有自信的人又怎会做好一件事?又怎会达成自己

第四章 挑战自我
——时时刻刻做自己的主人

的理想呢？相反，那些能成大事者，绝对不会在自卑的沼泽中徘徊，他们会一脚把自卑踩得粉碎，充满信心，达成自己所愿。

既然自卑心理对我们的影响如此大，那么，我们怎样才能克服自卑呢？

首先，我们要学会突出自己。

当一个人敢于将自己置于众目睽睽之下，并把这种做法当成一种习惯时，自卑就会远离我们。譬如在人群中学着去挑前面的位子坐，因为坐在前面就会被身后的人所注视，这是一种建立自信心的表现。

其次，学会正视别人。

眼睛是心灵的窗户。一个人的眼神不仅仅会反映出其心理内容的性质，更可以折射出一个人的性格，透露出一个人的情感，传递出微妙的信息。在该正视的时候，一个人若能用双眼去正视别人，便会给对方一种光明磊落、诚实的感觉；若不敢去正视别人，这也许就意味着其内心是自卑的、胆怯的。

再次，走路时抬头挺胸，正视前方。

一个人走路时的姿态是一个人生活状态的最真实全面的反映。身姿挺拔而洒脱，步伐轻快而敏捷，双眼目视前方，不左顾右盼，则会给人一种充满自信的心境感，这样的人不会是一个自卑的人；如果一个人走路拖拖拉拉，低头猫腰，很显然是缺乏自信，不敢面对别人，这是自卑心理作祟的表现。

最后，多多练习当众发言。

在大庭广众下讲话，需要巨大的勇气和胆量，这是培养和锻炼自信的重要途径。一个人若能在公众场合侃侃而谈，敢说敢秀，他一定是个相当自信的人；在公众场合下畏畏缩缩，讲话吞吞吐吐、结结巴巴的人除了有紧张的因素外，多半是由于他们顾虑太多，内心被自卑所占据。

万事皆在心，只要有心，只要你愿意改变自己，并且相信自己可以改变自己，你就一定能走出自卑的泥淖，在你的成功之路上任意翱翔。

第五章

经营意志
——在社会的磨炼中学会坚强

有句话说得好:"你若不勇敢,没人替你坚强。"真正的成长,始终是一个人的事。我们必须经受得起生活中的风雨,在跌倒之后忍着伤痛爬起,继续前行。不要给自己找借口,更不要当一个灰溜溜的逃避者,磨炼意志是成长的必修课,更是融入社会必不可少的阶梯。

短信 1

在苦难中焚烧，才能百炼成钢

俗话说"吃得苦中苦，方为人上人"，任何卓越的成就，都是自己用血汗浇灌而得的。人生之路不会是一条畅通无阻的坦途，而是充满无数的艰难险阻，一个人必须在经历过无数苦难之后，意志才能得到磨练，力量才能得到加强，具备百折不挠的性格，才能成就辉煌人生。

"不经历风雨，怎能见彩虹"，倘若一个人一遇到苦难就选择了放弃，选择了逃避，可能一时会比较轻松，比较痛快，但是他将距离目标越来越远，永远都不可能享受到从容淡定的人生。

但是如果在苦难面前不放弃、不畏惧，将苦难当作人生道路上的一块顽石，用从容淡定的心态，潇洒自信的精神将它焚烧，最后必然会冶炼成最刚强的钢铁。

蝴蝶的幼虫生活在一个通道极为狭小的茧中，它在长大后若想成为翩翩起舞的蝴蝶，必须要通过这个狭小的通道。这通道对于它这个娇嫩的身躯来说，无疑就是个鬼门关，因为它必须要历尽艰辛才可以破茧而出，许多幼虫在往外冲杀的时候因承受不了这种痛苦，导致力竭身亡，为飞翔付出了生命的代价。

有人不忍心看到这悲惨的一幕，想让蝴蝶幼虫能顺利通过通道口，便用剪刀将茧的洞口剪大了一些。本以为这样会助蝴蝶一臂之力，却没想到凡是受到帮助而见到天日的蝴蝶却都丧失了飞翔的能力，它们只能拖着只有摆设作用的双翅在地上笨拙地慢慢爬行！

第五章 经营意志
——在社会的磨炼中学会坚强

原来，幼虫若想变成可以飞翔的蝴蝶，必须经过那"鬼门关"般的狭小茧洞，这恰恰是蝴蝶幼虫两翼成长的关键所在。

穿越的时候，茧洞会用力挤压幼虫，这样，血液就会被顺利地输送到蝶翼的组织中去；只有两翼充血，蝴蝶才能振翅飞翔。而人为地将茧洞剪大，蝴蝶的翼翅就失去了充血的机会，爬出来的蝴蝶便永远与飞翔无缘了。

一个人的成长过程恰似蝴蝶破茧的过程，如果不经历"破茧"时的苦难，就永远只能做"爬行的蝴蝶"，永远只能仰着脸远远望着在空中高飞的蝴蝶。

其实，世间万物皆如此。花朵要绽放美丽，其种子必先要穿越沉重黑暗的泥土，才能得以在阳光下发芽开放；小鸟要展翅高飞，必然是经过起落，失去了无数根羽毛才能够锤炼出凌空的翅膀；天上的七色彩虹，向人呈现的永远是迷人绚烂的外表，但这也是经历过风雨之后才可能呈现的风景……

人也不例外，许多人之所以伟大，都离不开他们在苦难面前不屈不挠的努力，正是由于他们能够从容淡定地承受苦难，才获得了常人所不能及的成就。

世界大文豪巴尔扎克是父亲期望中的一名法律系大学生，而大学毕业后，他觉得自己更喜欢文学，他认为自己可以在这方面做得更出色，于是他毅然放弃了父亲对他的安排，拿起笔来搞创作。

为此，他的父亲很是生气，恼怒的父亲不再向巴尔扎克提供任何生活费用。

万事开头难，在1825~1828年期间，巴尔扎克写的那些作品不断地被退稿。后来他又先后从事出版业和印刷业，但皆以失败而结束。

巴尔扎克陷入了困境，开始负债累累。

最困难的时候，巴尔扎克只能靠吃干面包、喝白开水来填饱肚子。但他并没有被眼前的困境所打垮，在没有食物时，每当就餐，他便在桌子上画一只只盘子，上面写上"香肠"、"火腿"、"奶酪"、"牛排"等字样，然后狼吞虎咽想象中的美味佳肴。

一天深夜，一个小偷溜进了巴尔扎克的房间，在他的书桌里乱摸。巴尔扎克被响声惊醒了，他悄悄爬起来，点亮了灯，十分平静地笑着说："亲爱的，别找了，我白天在书桌里都找不到钱，现在这么黑，你就更别想找到了。"

尽管生活是如此艰难，但巴尔扎克非但没有放弃努力，反而把全部的心思扑在写作上。

"苦难对于天才是一块垫脚石，对能干的人是一笔财富，对弱者是一个万丈深渊。"他用这句气壮山河的名言表达出了他内心的自信，也正是这句名言支撑着他最终走向成功。

在这段艰难的日子里，巴尔扎克竟破费700法郎买了一根镶着玛瑙石的粗大的手杖，并在手杖上刻了一行字：我将粉碎一切障碍。后来的事实证明，他是一个天才，他踩着困难走向了成功，成为法国现实主义文学成就最高者之一。

像巴尔扎克此类的人很多，如张海迪、海伦·凯勒等一些名人，他们将苦难看作是一种磨炼，他们深深地懂得在苦难面前，绝对不能退却、停滞、放弃、逃跑，否则的话，自己永远只是个无名小辈，永远也不可能成为那块最坚硬的钢铁。

诗人泰戈尔曾说过"上天完全是为了坚强我们的意志，才在我们的道路上设下重重的障碍。"当你遇到苦难时，就想想这句话，想想这些小故事，并深深回味其中的道理，相信你会从中明白很多道理的。其实，苦难对于人来说，就是一把打向坯料的锤，打掉的应是脆弱的铁屑，锻成的将是锋利的钢刀。

第五章 经营意志
——在社会的磨炼中学会坚强

短信 2

宠辱不惊，没有什么不能坦然

宠也自然，辱也自在，不大喜，也不大悲，一往无前，自然会否极泰来。学会以坦然的心态去看待世事的发展，你才能够获得内心的平静，赢得别人羡慕的成功人生。

世间有很多事情都是难以预料的，有喜的，也有悲的。

有时候，我们会受到幸运女神的眷顾，收获意外的惊喜，比如两情相悦的爱情，工作上的晋升加薪，买彩票中了五百万等；但也许就在下一秒，就会有一些不幸之事来临，比如恋人投向了别人的怀抱，做生意将老本都赔了进去；至爱的亲人突然离世……

在这大喜与大悲，在这得与失来临之时，很多人总是会表现出无所适从的茫然。殊不知，这只是人生的寻常际遇，不足为奇。事物本身带给我们的影响远远不及我们面对它时的态度，如果我们能从容淡定地面对这些问题，我们在大喜面前就不会喜形于色，过于得意；在大悲面前也不会满腹伤感，后悔抱怨。

唐太宗时期，有个人叫卢承庆，任职工部员外郎，隶属于吏部，主要负责考察官员。他为官清廉，做事认真，讲求实际，深得人心。

当时，考察官员有严格的级别标准。级别大体上分成上、中、下，然后每一级再分成上中下。也就是最好的是上上，略微差一点的是上中，然后依次是中中、中下、下下之级别。

有一次，卢承庆考核一个监督运粮的官员。

此官员在运粮食的过程中，由于翻船，不少粮食都掉进了河中。

卢承庆在得知这一情况后，只给他定了一个"中下"级，并随口说道："你把船都弄翻了，损失了国家多少粮食呀，所以只能给你'中下'的评价了，我没给你弄个'下下'，就已经很照顾你的面子了。"

一般情况下，官员在得到级别低下的评价时，都会很是不悦，或者狡辩，或者求情一番。卢承庆已经习惯了这样的做法，所以他静等着这个官员的陈述。可意想不到的是，这个运粮官在得到"中下"的评语后，丝毫没有生气，也没有着急，反而谈笑自若，并随口说了一句："该怎么着就怎么着。"

卢承庆心想，我给他这么低的一个评价，他都没生气，这充分说明他已经认识到了自己的错误，由此可见，此人的品质还不错。既然他有认错的表现，那我就给他个"中中"级吧。

本以为给他改成"中中"后，这个运粮官会很高兴，但是出人意料的是，从他脸上并没有看到些许兴奋的神情。

"这个人还真绝！"卢承庆随口说道，"能做到宠辱不惊，可不是一般人啊！"后来，他又调查到，粮食落水并不是他管理不善造成的，而是因为突遇大风，将粮船给吹翻所导致的。卢承庆随即就直接将这位运粮官的级别改成了"中上"。

这个运粮官依然保持原来的态度，他还是没有因此而特别高兴。

从此，他的形象便深深印在了卢承庆的心里。以后在吏部考核的时候，就异常关注他。没多久，就提拔了他。

宠辱不惊，笑看庭前花开花落，对"失"淡然处之。虽然不是自己的过失，但这位官员却能坦然面对别人的误解，着实令人敬佩，为此，他得到了上司的提拔。因此，无论身处怎样的境地，我们都应当像这位官员一样，尽量做到宠辱不惊，这样才能收获平和的心态，体会到从容淡定之美。

在山上的寺庙里住着一位和尚，因为吃水困难，他每天都要到河边

第五章 经营意志
——在社会的磨炼中学会坚强

去挑水。

一天,他挑着一担水从河边向寺庙走去。一路人正好碰到了他,见他的水桶有点漏,滴滴答答漏出来不少水,路人便上前提醒他说:"小和尚,你这么辛苦地挑了一担水,可这水桶是漏的,等你走到寺院,恐怕会漏掉小半桶了。"

和尚呵呵一笑:"谢谢施主的提醒,贫僧知道水桶是漏的。"

路人听后,疑惑不解,便又问道:"既然你知道水桶漏,那你为什么不换个水桶呢?这样多浪费力气呀!"

和尚坦然一笑说:"谁说浪费力气呀?你回头看看,这桶里漏的水不都浇了这一路上的花草了吗?若不是如此,它们怎么能长得这么好呢?正是因为水桶漏水,我才能欣赏到这一路的景致啊!"

世界上没有什么是不能坦然面对的,和尚正是因为有如此豁达的胸襟,才收获了内心的那份宁静。对于失去的,我们就要及时调整心态、放开心胸,坦然面对现实,认真分析形势,以求进一步的得到。只有如此,才会体会到一种简单的幸福。如果为得失耿耿于怀,不能自拔,就走不出"失"的阴影,只会让我们与快乐无缘。

宠辱不惊,是一个健康、淡泊人士应有的心态。学会以坦然的心态去看待世事的发展,才能够获得内心的平静,进而赢得别人羡慕的成功人生。

短信

敢于说"不",更要善于说"不"

对于不合理或者违背我们内心意愿的要求,我们要学会坚决地说"不",这样才能屏蔽掉许多不必要的烦恼,彰显我们的气节和修养,进而获得从容淡定的人生，让我们获得实实在在的快乐感和成就感。

在你的身边应该不乏这样的人，明明自己已经忙了一天，很疲惫很困乏了，但当同事提出晚上一起去逛街时，他还是会陪同前往；自己已经把即将到来的假期排得满满的了，可朋友提出要一起游玩时，他还是答应了……

无论是在生活中、工作中，还是在人际交往中，总有一些人为了维护彼此的和谐关系，或者为了息事宁人，当面对别人的请求或命令时，他们即使很不情愿去做，却不会说"不"，总是一味地迁就别人，为难自己。

殊不知，虽然这样我们会成为别人眼中的"老好人"，但是我们没有自己的原则，总是有求必应，一直按照别人的意愿生活，那么很容易变成没有个性，没有主见的人。我们的人生也会变得很累，难以淡定，难以从容。

"周末了，林夕，明天下午陪我去逛街吧，我想给我老公买件外套。"海英说道。

"哦，哦，好的，明天下午见。"林夕支吾了一下，满口答应了。

姜经理走了过来，拍了一下林夕的肩膀："林夕，周日上午有安排吗？如果没有的话，能不能去图书大厦帮我买本经管类的图书。"

林夕连忙点头："嗯，好，好，放心吧经理。"

"林夕……"

"没问题，到时候不见不散！"

忙碌了一周，本来可以好好放松一下了，可是林夕却为自己安排了满满的"任务"，而且都是别人的事情。下班后，林夕给死党打电话说："唉！每天都为别人的事忙碌，我可真够累的！"

死党关心地说："你这两天就这样被占用了？以后别总是逞强，应下一大堆事，看你还怎么闲下来？累坏了自己怎么办？"

第五章 经营意志
——在社会的磨炼中学会坚强

林夕回道:"我也没办法呀,别人都开口了,我不好意思拒绝人家啊!"

林夕就是这么一个人,她总是有求必应,只要别人开了口,她总碍于面子,即使自己不情愿,也要硬撑着答应下来。在她的字典里好像就没有"不"这个字。到最后,往往搞得自己心力交瘁,疲惫不堪……

同事们摸准了她的脾气后,即使在工作上也经常会"拜托"她,经常会毫不客气地请她做这做那,比如订饭、打印文件……而林夕每次总是有求必应,即使自己的工作还没完成也会满口应允,所以,她经常会因此而耽误了自己分内的工作,也屡次遭到经理的批评。

林夕把时间和精力大多用在了别人的天平上,所以只能苦了自己。不仅牺牲了自己的时间和精力,而且渐渐地还会丧失掉自己独立的人格,更难以规划出自己的人生轨迹。假如她在一开始时就明确地向别人说"不",并且采取变通的办法来巧妙地拒绝别人,那么也不会出现这么多"得寸进尺"的要求。

在当代职场,"逆来顺受,才能飞黄腾达"似乎已经被职场人奉为"最高指导原则",但这并不代表我们在任何时候都不能拒绝。

朱超和韩勇大学毕业后同时进入S公司实习,由于这家公司资金雄厚,实力强大,在全国各地都有分公司,因此,能进入S公司成了很多人的梦想。

朱超和韩勇也深知机会难得,两人都十分重视这次实习机会。S公司在选择人才上自然也精进得很,按照惯例,S公司只会从每批实习的人员中选择一位表现最优秀的员工留下来。

韩勇觉得,上司的推荐和同事的口碑对于一个职场人来说应该十分重要,只要能"笼络人心",那么自己一定能被公司留用。因此,在公司做事,事事都显得特别积极,经常帮同事跑腿,帮人事助理整理档案,帮忙扫描文件……总之,忙得是不亦乐乎。

后来，大家见韩勇如此热心，也逐渐不客气了：小李让他帮自己热午餐，小张请他帮忙接孩子……即使这些与工作毫不相干的事情，韩勇都会全部接受，毫无怨言。

　　但是未超却与韩勇截然不同，他在没有完成自己任务的时候，有人请他帮忙，他都会很巧妙地拒绝掉。即使自己的工作完成了，他也不会答应同事工作以外的求助。渐渐地，请他帮忙的人越来越少。

　　因此，大家对韩勇的评价越来越高，而一提起未超，大家就都默不作声了。

　　实习期很快就结束了，转眼就到了宣布结果的时候。

　　经理把韩勇叫进办公室，对他说道："韩勇，你在实习期间的表现，大家都看在眼里。你的口碑很好，同事们都说你很热心。站在朋友的立场，我很想留你下来。"韩勇听了这话，心中暗自得意，嘴角不免露出一丝微笑。"但是，一个公司所需要的是能在工作上做出成绩的人。而这段时间里，我看到你的主要精力并没有放在本职工作上。所以……"韩勇的脸色立刻晴转阴，灰溜溜地走了出来。

　　很明显，未超的工作能力突出，该拒绝就拒绝，身上有股领导者的果断和干练，所以他成了最后的胜利者。

　　正如未超那样，根据自己的实际情况，分辨出什么是自己应该做的，拒绝那些对自己不利的干扰，将更有助于自己顺利地完成本职工作。而韩勇为了维护自己的人脉，为了提升自己在同事间的口碑，为了能早日晋升，在面对别人提出的各种各样的要求时，选择了接受，结果却耽误了自己的工作，毁了自己的前程。

　　伏尔泰就曾经这样说过："当别人坦率的时候，你也应该坦率，你不必为别人的晚餐付账，不必为别人的无病呻吟弹泪，你应该坦率地告诉每一个使你陷入不情愿、又不得已的难局中的人最真实的想法。"因此，为了我们的身心健康，为了捍卫自己的权益和尊严，在面对不合理或者违背我们内心意愿的要求时，不管这个要求有多小都要学会拒绝，坚决地说"不",唯有如此,我们才能成为自己生活的掌控者,才会生活得更加轻松自如。

当然,拒绝别人时也应该有技巧,避免因为拒绝的方式或者言行而影响到我们的工作和生活。

如果觉得直接开口拒绝别人很难做到时,你可以用摇头、突然中断笑容、目光游移不定、心不在焉等暗示拒绝的肢体语言来向对方传达你决绝的意愿;也可以对对方的要求暂不给予答复,继续忙自己的事情,让对方自己感觉到你的为难,一般情况下,对方在收到这样的暗示后,会自行放弃求助的;你也可以用一个充分而恰当的理由向对方表示你帮不上忙,这样既不会有拒绝时的尴尬,也会得到对方的理解。

不过,万一以上方法对求助方都不起作用,对方还是坚持要你帮忙的话,你最好态度坚决地拒绝他,不要留给他任何机会。因为,那是他的事情,你的重点是你自己的生活。

述及于此,就是要告诉正在读书的你,对于自己不情愿、不乐意做的事,都要敢于拒绝,敢于说"不",并且善于说"不"。只有学会拒绝,才能屏蔽掉许多不必要的烦恼,才能享受到自己生活的美好,感受到快乐与幸福。

短信

永远不要给自己找借口

成功的人永远在寻找方法,失败的人永远在寻找借口。但是,不管找到多么完美的借口,也改变不了失败的事实。面对失败,我们需要汲取经验,向成功者取取经、问问路,而不是绞尽脑汁为自己的失败寻找借口。

在生活和工作中，我们经常会听到各种各样的借口。

上班迟到了，有人会说："路上堵车"、"闹钟没响"、"昨晚失眠了，睡得太晚"……

工作中出现了失误，有人会说："客户太刁钻了"、"公司制度太差了"……

工作了好几年，但总是没有得到提升，有人会说："领导太偏心了"、"××送礼走了后门"……

办砸了事情有借口，没完成任务有借口……只要你用心去找，借口无处不在，抱怨、推诿、迁怒等成了最好的解脱。其实，借口就是一面敷衍别人、原谅自己的"挡箭牌"，是推卸责任的"万能器"。很多人总是把精力用于抱怨和寻找借口上，试图用它们来求得他人的原谅。殊不知，借口如同一剂鸦片，只要吸上一口，你就想一次又一次地去品尝它，渐渐地，它会侵蚀你的心智，当你遇到困难时就会一再地为自己辩解，最终一事无成。

有一对兄弟，家境贫寒，无奈之下，他们平日里只能靠捡拾废品为生。

一天，兄弟两人依然像往常一样，沿着一条熟悉的街道去捡废品。但是，虽然这条道路很是宽阔，但却没有什么大件的物品，只有一些零散的小铁钉。弟弟看到小铁钉，不屑一顾，说："几个小铁钉才能卖多少钱啊？"而哥哥却不嫌弃，他弯下腰把一个个的铁钉都捡了起来。走到路尽头时，他捡了近满满一口袋的铁钉。

两个人继续往前走，走着走着突然发现路边有一家新开的收购店，店门口挂着一个大牌子，上面写道：高价回收旧铁钉。当弟弟看着哥哥用那一口袋的铁钉换回了一大把钞票时，眼红得不得了。

店主问弟弟："这一路上，难道你一个铁钉都没看到吗？"弟弟低下头，十分沮丧地说："我看到了。可是那小铁钉很不起眼，所以我就没捡。谁承想这一路上竟会有那么多，而且它们还能换来这么多钱。等

第五章 经营意志
——在社会的磨炼中学会坚强

到我想要去捡的时候,铁钉都被哥哥捡光了。"

实际上,机会就在我们身边,但是有些人忽略了这些,只顾着给自己找借口、怨天尤人了。于是,在他们抱怨的时候,一些甘于付出的人便抓住了机会,从而获得了财富。

在做事的过程中,有些人因各种借口造成的消极心态,就像瘟疫一样毒害着他们的灵魂,极大地阻碍着他们正常潜能的发挥,使许多人丧失斗志,消极处世。对于这些人来说,借口已经"吃掉"了他们做事的希望。

宋争是一个业务员,但是令他苦恼的是,他的业绩总是比不上其他同事,每个月拿到的客户订单也是最少的,甚至工资有时候拿得还没有别人的一半多呢。

当经理问起来时,他不是说主管的决策失误,就是说公司制度不好,客户不愿意合作,要么就说客户太难缠,要求太高。

私底下,宋争还经常嘀嘀咕咕地像个怨妇一样不停地说公司的坏话、客户的坏话。

有一次,当宋争又在抱怨时,公司一个老业务员走到宋争旁边,拍拍他的肩膀对他说:"小伙子,你每天嘀嘀咕咕地说些什么呀?我看你整天都对这个不满意对那个不满意的!"

有了倾诉对象,宋争就更加口无遮拦了,一股脑儿道出了自己的烦恼,接着又开始了长篇的抱怨之词。那位老业务员就这么一直耐心地听着他喋喋不休地抱怨,没有打断他。

最后,还是宋争自己意识到有点过火才住了口。

老业务员见他停下来后,便对他说:"你明天早点来公司吧,不要跑业务,就和我待一天,完了之后你就知道为什么你的业绩总比别人差了!"宋争半信半疑地点了点头。

第二天,一向踩着点上班的宋争起了个大早,快到公司的时候一看时间，居然早到了 40 多分钟。他想，这下子糟了，公司可能都还没开门呢。

但是等他到公司一看，所有的同事都到了，自己竟然是最后一个。

原来，其他同事都很早就来到公司上班了，而且天天如此。

这时候，老业务员笑着走过来说："公司只有你一个人是天天踩着点上下班，其他人都是来的早，走的晚。"

后来，老业务员又带着宋争出去见了客户。直到这一天宋争才明白自己和他们的差距为什么这么大：遇到客户拒绝时，宋争总是为自己找各种各样的借口，然后找一个地方舒服地待着；而别人的做法却是一而再、再而三地去拜访客户，第一个客户拒绝了，就去找第二个、第三个……没有人会因为被拒绝而像自己一样抱怨不休的。

一到下班时间，宋争马上就消失得无影无踪了，而这时候，还有好多同事都在大街上拜访客户呢！

看到这里，你一定也明白了，很多失败并不是由客观因素造成的，而是因为自己的主观原因导致的。当我们在生活和工作中陷入困境的时候，不要找借口，更不要抱怨，一定要努力地做好自己力所能及的事，一路走一路收获，最终定会排除万难，取得成功。

在美国的西点军校有一条最重要的行为准则——没有任何借口。

军人们在遇到军官问话时，只有 4 种回答："报告长官，是！""报告长官，不是！""报告长官，不知道！""报告长官，没有任何借口！"除此之外，不能多说一个字。

而正是这种"没有任何借口"的理念，西点军校才成就了许多优秀的经管人才。在世界 500 强企业中，从西点军校走出来的董事长就有 1000 多名，副董事长 2000 多名，总经理级别的有 5000 多名。

这些成绩是任何一所商学院都无法比及的。

不找借口找方法，无论做什么事情，都不要把时间浪费在寻找借口上，而要努力去寻找更为有效率的解决方法。如果自己失败了，做错事了，也永远不要为自己的失败和错误去辩解，因为再美妙的借口都于事无补，与其费尽心思地去寻找借口，还不如把时间和精力用到工作中，仔细地琢磨下一步该如何去做。

记住一句话，成功的人永远在寻找方法，失败的人永远在寻找借口，当你不再为自己的失败寻找借口的时候，你离成功就不远了！成功者不善于也不需要编织任何借口，因为他们能为自己的行为和目标负责，也能享受自己努力的成果。缺少机会，则往往是不愿意付出努力的人用来原谅自己的借口。

短信 5

不逃避，勇敢地担起责任

每个人都该为自己的言行负责，若是一味地逃避责任，是无法取得大成就的。你想要获得别人的肯定，实现自我的价值，首先要做的就是承担起你应负的责任，做个敢于担当的人。

在职场中，总有一些人整天发着牢骚。

"破公司，我都在公司干两年了，还不给我加薪！"

"这又不是我一个人的错，凭什么扣我的奖金！"

"工作没做好，是主管没交代好，关我什么事啊！"

……

频繁地抱怨不仅没有使他们如愿以偿，反而暴露了他们的缺点．没有责任心！试想：如果你是领导，一个连本职工作都要抱怨的人，你可能将更大的重任交给这种无担当的人吗？

诚然，每个人都希望得到老板的赏识，都希望升职加薪，可这一切并不是凭空而来的，这都是需要努力地工作和强烈的责任心去换取的。如果遇事逃避，对工作敷衍了事，偷奸取巧，又怎会高质量地完成领导交付的任务呢？这种做法直接导致了一个结果：工作没做好，得不到重用，得不到晋升，得不到高报酬。

当然，带着责任心去工作，并不是做给谁看，而是一种务实的态度。怀着这样的心态去做事，不管事情是大是小，都会很圆满地解决好问题。

20世纪70年代，日本的经济得到快速发展。

一直致力于减少环境污染的名古屋著名格木电力公司，由于安全处理废水要付出太高的成本，在不得已的情况下，格木电力公司只好将废水直接排入海洋。没承想，这一处理方式竟导致大量海洋生物死亡，严重影响到渔民的生计问题。愤怒的渔民闯入格木电力公司，要求公司赔偿他们的损失，并呼吁要保护环境。

在几经周旋下，事件终于平息了下来。

为了减少对环境的污染，格木电力公司只得采用低硫燃料。但是这样一来，发电成本却大大提高了。电价上涨后，用户们以及公司周围的渔民们又纷纷为高价电费提出了抗议。格木电力公司又想到建核电厂来改变现状，但电厂附近的居民又怕核辐射，坚决不同意。

这可怎么办？格木电力公司陷入了进退两难的境地，可是，既然问题出现了，那就只能迎难而上，逃避根本解决不了问题。于是公司派有关人员首先倾听了渔民们的意见，然后又主动向渔民们表示歉意，并向渔民们说明公司现在的难处及公司将会采取的种种措施，最后，工作人员又代表公司保证，一定会改变目前这种局面。

渔民们见格木电力公司态度诚恳，敢于承担责任，便谅解了他们暂时的缺点和不足。

第五章 经营意志
——在社会的磨炼中学会坚强

正是格木电力公司的不逃避和负责任的态度，才赢得了渔民们的谅解。我们每个人都该为自己的言行负责，若是一味地逃避责任，是无法取得大成就的。

责任心不仅仅要体现在工作上，在生活的方方面面，责任心都起着至关重要的作用。在这个世界上，大凡取得成就的人，往往都是那些勇于担起责任的人。

几个小男孩在街道上踢足球，正玩得起兴时，一个小男孩不小心将球踢到了邻居家的窗户上，将玻璃打个粉碎。

邻居家的老人非常生气，急忙走了出来，责问是谁干的。

其他孩子都被吓跑了，只有那个小男孩没有跑。他走到老人的面前，鞠了一躬，说："对不起，是我打碎了您家的玻璃，请您原谅我这一次好吗？"

可是老人却非常固执，坚决要让小男孩赔偿，小男孩只得回家拿钱。

小男孩回到家后，向父母亲讲述了事情的经过。母亲心疼孩子，而且孩子也承认了错误，她拿出钱就给了孩子。正当小男孩跑出去要给老人赔钱时，小男孩的父亲却叫住了他，并十分严厉地对他说："今天可以把钱给你，但这是你闯的祸，你必须要为你的行为负责。这钱是家里借给你的，你必须想办法还给家里。"小男孩点点头，连忙跑去把钱赔给了老人。

后来，小男孩为了还钱，便趁放学或者休假的时候打零工。可是，由于他年龄太小，好多地方都不收童工，于是他只好隐蔽在餐馆帮人洗碗，平时再捡些废品来卖。

就这样，辛苦了几个月后，小男孩终于攒够了 15 美元。当他自豪地把钱还给父亲时，父亲欣慰地笑了，他拍着男孩的肩膀说："一个能为自己的过失负责的人，将来才会有出息。"

这个小男孩就是多年后的美利坚合众国的总统——里根。

后来，里根每每回忆起这段往事，总是意味深长地说："那次闯祸之后，我懂得了做人的责任。"

不能说里根的成就与父亲对他的负责任的教育有着直接的联系，但至少也有着必然的联系。从里根总统的身上还可以看出，权利与责任是成正比的。所以，一个人若想成功，想受人尊敬，想拥有权力，想实现自身的价值，首先就要敢担当，敢为自己的言行承担责任。

总而言之，不论做什么事，首先要有负责任的态度。想要获得别人的肯定，实现自我的价值，首先要做个敢于担当的人。

短信 6

人生要能够耐得住寂寞

如果因为耐不住寂寞而终止了前进的脚步，就永远到达不了成功的彼岸；要想真正享受成功的喜悦，就一定要耐得住寂寞，这是一种可贵的沉稳风范，是一个人淡泊明志的修养，更是我们追寻梦想的关键。

人的一生会经历各种各样的苦难，寂寞就是其中之一。真正激情四射、五彩绚烂的时光都是短暂的，我们面对的多是平凡普通的寂寞生活。对于寂寞，有些人不能忍耐，为了摆脱寂寞，他们甚至用凑热闹、赶时髦、追风潮等麻痹自己。这样虽然得到了一时的快感，但却整日浑浑噩噩地生活，浪费时间，浪费生命，最终郁郁寡欢直到老死。而有些人却能享受寂寞，他们在寂寞中自我反省，深谋远虑，养精蓄锐，等待势足发的那一刻。

铁树沉寂60年方开一次花，昙花积聚一个花期只为数小时的盛放。

第五章 经营意志
——在社会的磨炼中学会坚强

人生也是如此，寂寞是人生中必不可少的一个环节，如同生活中的喜怒哀乐一样，时时刻刻伴随我们左右。要想真正享受成功的喜悦，就一定要耐得住寂寞，这是我们追寻梦想的关键。若是耐不住寂寞而终止了前进的脚步，就永远到达不了成功的彼岸。

历史上那些大有成就的人，大多都是耐得住寂寞的人，他们能在寂寞之中提升自我，蓄势待发。

中国历史上唯一一位女皇帝武则天，在14岁时就被选入宫做了才人。她因深受唐太宗喜爱，故得"武媚娘"的称谓。

唐太宗死后，按照当时的礼葬制度，武媚娘必须去感业寺削发为尼，为太宗守孝祈福。从此，一盏青灯伴苦丝，一轴长卷伴枯灯，武媚娘开始了她漫长的尼姑生涯。

在感业寺里，整日吃斋念佛，诵读经书，日子极其寂寞难耐，许多妃嫔因无法忍受孤寂而自暴自弃。但想出人头地的武媚娘却没有屈服于命运的安排，而是积极为自己的将来寻找出路，她把感业寺当作修身养性的地方，她要在这里养精蓄锐，等待走出去的良好时机。

李治在感业寺的出现，让早已有所准备的武媚娘获得了二次进宫的机会。

武媚娘有着清醒的头脑，再次回到皇宫的她并没有急于大刀阔斧地施展她的政治抱负，而是先卑躬屈膝地侍奉皇后，然后再用手段博得昭仪的封号，而后又采取种种手段将自己的敌人一一清除，最终突破重围，成为一人之下万人之上的皇后，直至成为中国历史上独一无二的女皇帝。

武则天懂得享受寂寞，最终成就梦想，成为中国历史上唯一一位女皇帝。

机遇总是垂青于有准备之人，而寂寞之时正是完善自我、鞭策自我的绝佳时机。不在寂寞中奋斗，怎会一鸣惊人？不在寂寞中耐心等待，又怎有机会看到旖旎动人的彩虹呢？

如此看来，寂寞是一块试金石，可以试出一个人是否具有坚韧的意志；是否能守住精神的底线；是否能控制住躁动的灵魂；是否能按捺无休无止的欲望。因此，对于有理想有追求的人来说，耐得住寂寞并能好好地享受寂寞则是一种修行，是一种可贵的沉稳风范，是一个人淡泊明志的修养，更是我们实现梦想的关键。

李时珍的家族世代从医，但在当时社会中，民间医生的地位很低。因此，李家经常会遭受豪强官绅的欺侮。为了能出人头地，李时珍的父亲决定让他读书应考，期望一朝功成名就，光宗耀祖。

然而，自小体弱多病的李时珍性格刚直纯真，对空洞乏味的八股文不屑一顾。在他14岁那年中了秀才后，又三次赴考举人，但均不得愿，次次名落孙山。

于是，他向父亲表明自己要放弃科举做官的打算，要专心学医。并用这首诗表明了自己的决心："身如逆流船，心比铁石坚。望父全儿志，至死不怕难。"父亲见儿子态度如此坚决，终于同意了他的要求，并精心加以辅导。

父亲告诉李时珍："'读万卷书'固然重要，但'行万里路'更不可少。"

于是，李时珍放弃了衣食无忧的平淡生活，穿上草鞋，背起药筐，在徒弟庞宪、儿子建元的陪伴下，步行前往河南、河北、江苏、安徽、江西、湖北等广大地区，足迹遍及众多名山大川。

在涉足户外的这些日子里，李时珍每日面对着巍巍大山、青青幽草，无疑是寂寞的。但他能耐得住寂寞。在这寂寞的日子里，他深入实地进行调查，遍访名医宿儒，搜求民间验方，观察并收集药物标本。

经过长时间的实地调查，他解决了许多药物学上的疑难问题，编写完成了我国药物学的空前巨著《本草纲目》。这部书的编写历时27年，

第五章 经营意志
—— 在社会的磨炼中学会坚强

被达尔文称赞为——"中国古代的百科全书"。

"十年窗下无人过,一举成名天下知",望着成功者头上的光环,人人都投去了羡慕的目光,但人们却不知在这光环背后,成功者忍耐了多少寂寞的时光,他们在默默无闻前行的路上付出了多少辛酸、多少汗水。

由此可见,寂寞并不是百无聊赖、无所事事,也不是懒散与停滞,更不是所谓的孤独或寂灭,正如古人所说:"非淡泊无以明志,非宁静无以致远。"其实,人人都有独处的需要,而拥有寂寞的人生才是圆满的、没有遗憾的人生。

耐得住寂寞不一定都能通向成功,但所有的成功必定来自与寂寞奋争的过程。因此,面对成功路上的寂寞,不要害怕,不要逃避,不要自我堕落,耐住寂寞,享受寂寞,在宁静淡泊中默默耕耘,积蓄力量。只有如此,人生才不会肤浅,精彩方能体现。

短信 7

能受教才能进步

受教才能始终保持进步的脚步,虚怀若谷才能装得下万物。所以,当我们取得一点成绩时,切不要沾沾自喜,被眼前小小的成绩冲昏头脑,而应该谦逊一些,因为只有受得了批评,受得了教育的人才能得到进步。

日常生活中,当你做了错事,受到父母或他人的批评时,会如何对待呢?当你取得一点成绩时,你又会如何看待此事呢?不要因为他人的批评而心生怨恨,满不服气;不要因为取得一点成绩就沾沾自喜,不肯蹲下来接受教诲。殊不知，接受他人的批评就是在受教，俯下身来受教并不是一件丢人的事，而是一件值得庆幸的事，因为它能让你改正错误，从而更加进步。

苏轼出身书香世家，从小就非常喜欢读书，再加上他天资聪慧，记忆力超群，每看完一篇文章，他都能过目不忘，一字不漏地背出来。

寒窗苦读几年之后，年少的苏轼已经是饱学之士。别看他年龄不大，但是大人看不懂的书，他都能看懂；大人识不得的字，他能识得；大人理解不了的文章，他却能评头论足一番。

如此一来，小小年纪的他就受到很多人的敬仰，还有一把胡子的大人要拜他为师呢！此时的苏轼，得意非凡。苏轼的老师知道后，担心他恃才傲物，便特地叫人送他一幅"学无止境"的字幅。但苏轼却不屑一顾，认为老师也不及自己，他是在忌妒自己的才能。

有一天，苏轼写了一副自认为十分出彩的对联，就命人贴在自家大门口。上联是：读遍天下书；下联是：识尽人间字。见此对联后，有的人连连称赞；有的人却认为他年少轻狂。他的老师得知后，则气得茶饭不思。

正当苏轼扬扬得意之时，门外一位白胡子老人便问他道："难道先生真的已经读遍天下书，识尽人间字了？"

苏轼一听，傲慢地回答道："我可不是那骗人的主。"

老人听后，从口袋里摸出一本书，递给苏轼，说："这本书上我有好多字都不认得，劳烦先生帮我识识看。"

苏轼以为老人是在考他的才华，自认为无字不识的他顺手就接过了老人递来的书，当他仔细一看书中内容时，不由得倒吸了一口凉气。来回翻了这书好几遍，窘得说不出一句话来。原来，这书上的字，他竟一个也认不出来。

不得已，苏轼满脸通红地将书归还于老人，低下头，十分惭愧地说道："我从未读过这样的书，也不认识上面的字。"

老人指着那副对联说:"既然如此,那你怎么能称得上'读遍天下书,识尽人间字'呢?"

苏轼听了,急忙要撕掉门上的对联。

老人喊了一声:"且慢!待我把对联改上一改!"

老人一挥笔,对联就改成了:"发愤读遍天下书,立志识尽人间字。"

苏轼明白了,他急忙回到书房,立刻找出老师赠的那幅字,把它贴了出来。

从此,苏轼勤奋学习,谦恭读书,终于成为有名的大学问家。

一时的成功说明不了什么,人生之路长漫漫,也许下一刻你就会被难题打倒。"谦虚使人进步,骄傲使人落后",任何时候都不要骄傲自大。否则的话,自认为自己学问深厚,便会止步不前,长此以往,又怎会有所长进?

受教才能始终保持进步的脚步,虚怀若谷才能装得下万物,只有那些能听得了批评的人,受得了教育的人才能得到进步,所以,我们要善于向别人学习。只有善于向别人学习的人,才不会故步自封,才能够有所长进。

古人说得好:"满招损,谦受益。"只有谦逊的人,才能够平易近人,虚心求教,善于倾听别人的意见和建议,进而取长补短,建功立业。

托马斯·杰斐逊出身于名门贵族,他的父亲曾担任军中上将一职,母亲也是名门之后。

当时的社会有着明显的阶层之别。贵族除了高高在上,向穷人发号施令之外,很少与平民百姓交往。

然而,杰斐逊却没有秉承这种贵族阶层的恶习,他认为每个人都有自己的长处,每个人都有值得别人学习的地方,所以,他很乐意与各阶层人士交往。他的朋友甚多，其中当然不乏社会名流，但更多的却是普通老百姓，比如园丁、仆人、农民或者是贫穷的工人，等等。

有一次，杰斐逊对法国伟人拉法叶特说："你必须像我一样到民众家去走一走，你只有去看看他们的菜碗，尝尝他们的面包，你才会了解到民众为什么不满，才能真正懂得正在酝酿的法国革命的意义。"

由于作风扎实，深入实地，进而造就了杰斐逊成为美国第3届总统。他虽高居总统宝座，但却很清楚民众最真实的需求是什么。

正是由于托马斯·杰斐逊具有谦逊的品格才使他善于向各种人学习，并从中受益、不断取得进步，成就自己的事业。为此，他还曾经提出了"每个人都是你的老师"的主张。

人没有完人，物没有完物，取其之长补己之短，不是完人亦完人，不是完物亦完物！只有具备谦逊品格的人，才能够看到自己与他人的差距，虚心冷静地聆听他人的批评和教诲，谨慎从事。

因此，能受教之人必有谦逊的品格；只有具备谦逊的品格，才能视受教为一种自我完善的阶梯。谦逊受教之人，在缺点和错误面前，会乐于倾听批评教育的声音，从而采取措施改正错误；谦逊受教之人，自有自知之明，即使在面对成功、荣誉时也不居功自傲，而是把它视为一种激励自己继续前进的力量，而不会把荣誉当成包袱背起来，沾沾自喜，不思进取。

所以，只要你还能听到批评教育的声音，只要你还有受教的机会，那就开心地接受吧！

第六章

上下求索
—— 寻找幸福的出口

生活总会有卧薪尝胆的时候,谁肯先咽下苦涩的泪水,谁就有希望看到转机,尝到最后的甜果。成功总免不了会有坎坷泥泞的路,谁能坚守信念,谁就能走到最后。现实有残酷的一面,但只要你不断追寻,不断体悟,总会找到幸福的出口。

短信 1

人生总有卧薪尝胆的时候，做一回勾践又何妨

大凡成功人士，都经历过一般人无法想象的忍耐。而忍耐往往是一个漫长甚至痛苦的过程，这就需要有意志和毅力，需要耐性和坚持，需要勇气和沉着，在形势对自己不利的情况下，含垢忍辱，忍常人所不能忍，终将取得常人未有的成就，名留后世。

卧薪尝胆的故事想必大家都听过，勾践为了复国，他舍弃尊王之位，含垢忍辱，不惜重金收买奸臣，不惜寄人篱下充当马夫，不惜舔尝夫差的粪便，不惜用各种方式来表明对夫差的无限忠诚。最后终于取得了夫差的信任，安然回到了越国。回国后，为了鞭策自己，他卧薪尝胆，发愤图强，最后终于使越国民强国富，他趁机抓住机会消灭了吴国，方报亡国辱君之痛，成其春秋霸主之名。

越王勾践的成功靠的就是忍耐。"留得青山在，不怕没柴烧"，暂时的忍辱负重，为的是长久的美好将来。大凡成功人士，都经历过一般人无法想象的忍耐。而那些不成功的人，有时候缺少的就是那一份坚持，因为他们失去了忍耐、沉静的心，所以才嗅不到生活的芬芳。

商朝末年，商纣王昏庸至极。他沉溺于酒色，极度奢靡腐化，残忍暴虐，建酒池肉林，设炮烙之刑，闹得民不聊生，国势日渐削弱。

当时，生活在陕西渭水流域的周族首领姬昌，礼贤下士，广施恩

第六章 上下求索
——寻找幸福的出口

德，体恤百姓，深得人心。为防姬昌造反，商纣王就找了个借口将年已82岁的姬昌囚禁在当时的国家监狱羑里，这一关就是7年。姬昌被关押期间，纣王用尽各种残暴手段对其进行侮辱和折磨，最为恶毒的一招是将姬昌的长子杀害后做成肉羹逼其吞食。

相传，姬昌的长子伯邑考非常孝顺，因在父亲被囚禁后非常担心父亲的安危，便不顾一切来到殷都，看能否有办法解救父亲出狱。可是，不承想，纣王得知此事后，却将其拘为人质。此时，纣王已经得知姬昌演易的事情，为了检验姬昌算卦是否准确，纣王便将伯邑考残忍地杀害了，然后将其尸体烹成肉羹，派人送给姬昌吃。如果姬昌真吃，那说明他算卦的本领还很差；反之，则说明姬昌算卦很准。

姬昌在看到肉羹后，算出这是爱子伯邑考的血肉，但他很清楚这是纣王试探他的招数，为了不引起纣王的猜疑，他便强忍内心的悲痛，若无其事般地把肉羹吃了。

纣王得知此事后，认为外面传言姬昌的事情都不真实，从此就放松了对姬昌的警惕。

不过，据说姬昌并没有真正消化儿子的肉，他每天会把吃到肚子里的食物吐出来，传说当时周文王吐出的肉都变成了兔子。

后来，姬昌被释放。他回到自己的领地后，暗中招兵买马，训练军队，准备推翻商纣王的暴政统治。姬昌的二儿子姬发（即周武王）继承父亲的遗志，又得力于姜子牙的辅助，最终率兵讨伐商纣王，纣王军队最终大败，商纣王纵火自焚。

自此，姬昌父子推翻了暴政，建立了自己的周朝统治。

历史上诸如姬昌一样在忍受屈辱之后能功成名就的人还有许多，比如，九世同居，只以忍为题目的张公艺；忍辱下桥取履，终为帝王之师的张良；忍胯下之辱，统率百万大军，终于拜将封王的韩信；隐忍苟活，寄人篱下，终成帝王大业的刘备；忍辱负重，终挫诸葛亮之计谋的司马懿……正是因为这些人有大见识、大度量、大胸襟、大气魄，能够忍一时之屈辱，所以他们才能笑到最后，才能成为流传千古的真正的英雄。

其实，我们在生活和工作中同样需要忍耐。当你满怀激情想要去实现自己的理想时，可现实给你的很可能是一盆冷水或者当头一棒。这时，你会如何应对呢？

徐子建是一个来自农村的小伙子，他忠厚老实，勤奋刻苦。但是在很多人眼中，徐子建是个无名小卒，人人都说他不会有什么大作为的。然而，就是这个众人眼中的"无名小卒"，在十年后却开了一家自己的公司，创造了令众人难以置信的成绩。

大学刚刚毕业的时候，徐子建像众多刚毕业的大学生一样，踏上了漫长的打工之路。但是他心中始终有一个梦想，那就是自己创业当老板。

在招聘会上转了半天，一家酒店负责外联的工作引起了徐子建的注意，他急忙把简历递给了酒店招聘人员。事情很顺利，他被录用了。

但是，令他意想不到的是，他开始上班后才知道，老板让自己做的是一个服务员应该做的工作。徐子建很是生气，自己一个堂堂大学生，怎么就在酒店当服务员呢？他打算赶紧辞职走人。但是等他冷静下来后，想想自己不富裕的家境，想想自己创业当老板的梦想，徐子建认为，只有先把服务员这种最基础的工作做好了，才有可能得到进一步的发展。

于是，他选择了忍耐。

后来，徐子建在自己的岗位上勤勤恳恳，任劳任怨，终于得到了老板的赏识，坐上了高管的位置。

几年后，徐子建已是一位经验丰富的领导者了，他便筹钱开了一家公司，实现了自己的梦想。

徐子建的经历是很多刚刚参加工作的新人经常碰到的情况，但是多数人却不会像徐子建一样有卧薪尝胆的态度和勇气。

忍耐,说起来容易,做起来难,这往往是一个漫长甚至是痛苦的过程,需要意志和毅力,需要耐性和坚持,需要勇气和沉着。当然,忍耐并不是屈服,而是在沉默中审时度势、排除万难、积蓄力量的过程,是一种酝酿胜利的高超手段,是胸有大志、放远眼光的体现。

所以,当我们遇到困难时要忍耐,在失败时要忍耐,在遭遇挫折时要忍耐,在委屈时也要忍耐。只有先咽下苦涩的泪水,然后忍辱负重,才有希望看到转机,才能尝到最后的甜果。

短信 2

追两只兔子的人,终将一无所获

东一锹,西一锹,浅尝辄止,不够专心,再松软的土地也凿不到水源,不如赶紧沉下心,坚持不懈地凿一口井吧。只要一心一意地对待生活、对待人生,奇迹就会在山穷水尽之际豁然涌现。

有这样一幅令人深思的漫画:

一个人在凿井,凿一处,还没凿深,发现没水便换了一处地方;又在此地凿了没多深,还是没有见到水,就又换了一处……结果,他一连凿了好几处,都没有凿出水来。

另一个人,在一处凿井,没有见到水就一直凿下去,最后,终于见到了水。

如果像第一个人一样,东一锹,西一锹,浅尝辄止,不够专心,再松软的土地也凿不到水源,不如学学第二个人,沉下心来坚持不懈地凿一口井，就极有可能凿出一汪甘泉。

在生活和工作中也是如此，我们不必要求自己事事精通，只要专注于某一个方面，并努力朝着这个方向发展，这样我们就极有可能会在这个方面出类拔萃，有较深的造诣。

人虽然有无限的潜力，但生命却是有限的；人虽然有无数的目标，但精力总是有限的。如果见到什么都想要，你的生命和精力都不允许，到头来得到的也许只是一场空。只有在选定一个目标后，全力以赴，把有限的时间和精力都投入到既定的目标中，并坚定不移地去执行，才可能达成心愿。

有一位作家，在国内享有盛名，曾经写过多部长篇小说，还有几十首诗歌。

在一次售书签名座谈会上，有人问作家："现在的作家这么多，您是如何从众人中脱颖而出的呢？这期间，您一定付出了不少的努力吧？"

谁知，作家微笑着摇了摇头，回答道："其实，这一点都不难，而且我差一点就与写作擦肩而过了。"

那人好奇地望着作家，等待他的解释。

作家继续说道："我小时候，兴趣非常广泛，而且还很要强。拉小提琴、画画、游泳、打篮球、写作，我总想着事事都拿第一才行。结果可想而知，我什么都不是第一，那段时间，我真是心灰意冷，苦恼极了，觉得自己就是个一事无成的废物。"

那人又满怀疑惑地问作家："那后来您是怎么走上写作这条路的呢？"

作家解释道："后来，我的父亲得知我的心事后，便给我做了一个实验。他找来一个漏斗和一捧玉米粒，让我双手放在漏斗下面接着，然后他将一粒玉米放入漏斗里面，玉米粒便顺着漏斗滑到了我的手里。父亲又放了十次，我的手中也就多了十粒玉米。后来，父亲抓

第六章 上下求索——寻找幸福的出口

起了一大把玉米粒一起放进漏斗里，我却连一颗玉米粒都没接到。"

作家接着说道："通过这个实验，我明白了如果什么都要学习的话，可能什么都学不精；而如果专心攻一门，我将会很快成功。因为当时的我在写作上比较得心应手，所以就放弃了游泳、画画等，把所有的精力都放在了写作上，这也许就是我现在能成为作家最重要的原因吧。"

阳光聚焦才有能量，滴水汇聚才能穿石，说的都是一个道理，做什么事情都要有专注的精神。如果作家一辈子什么都学的话，也许他只会成为平庸之辈，永远不会有现在的成就，更不会被世人所知。有的人做了一辈子事，却没有一件能让人记住的；而有的人一辈子只做了一件事，就让人记住了，说的就是这个道理。

成功其实并不是什么难事，重要的是你要能收住心，能专注于一件事情。正如猎豹捕食兔子一般，它只要认定了一只兔子，就会不停地追逐，最终也必定会捕到自己的猎物。

在一个工作领域里也要学会专注，追逐既定的目标。在职场上，综观那些得到晋升和优厚待遇的成功人士，他们大多都为自己制定了一个明确的目标，追逐着"一只兔子"。

凯萨在刚入职场时，只是日本一家策划公司的普通职员。

虽然职位低，经验少，但是凯萨从走进公司的第一天起，就为自己定下了一个目标：在两年内当上策划部门的经理。

从此以后，"部门经理"就像一面旗帜，无时无刻不在鞭策着他。为了实现自己的目标，凯萨付出了比别人更多的努力。他会为一个项目策划出多种方案，在休息时还经常去参加相关的培训，以此来增强自己的专业技能。虽然很苦很累，但只要想到自己的目标，只要看到自己的业绩，凯萨就会由衷地感到快乐。

才半年时间，凯萨就凭借他出色的工作能力，被提拔为部门主管。

小小的成功令凯萨对自己更加充满了信心，此后的他更加努力了。半年后，他的工作能力和业绩不断得到了公司总裁的肯定，再次被提升为部门经理，成了公司里晋升最快又最年轻的经理。

当朋友问起他的成功经验时，凯萨坚定地说："我的成功就在于我有一个明确的目标，我把实现目标的过程当成了一种享受。"

提前实现目标的凯萨并没有因此而自满，而是很快又给自己制定了下一个目标——策划部总监。

凯萨就是这么一位追逐"一只兔子"的成功者。他先为自己确定了一个目标，然后像狩猎的猎豹一样，专一、坚定地为实现目标而不停追逐，最后终于追到了"那只兔子"，实现自己的理想，远离一事无成、碌碌无为的窘境。

这时，也许你会问："目标专一真的有这么大的作用吗？难道那些目标不定的人就真的一事无成吗？"哈佛大学曾就"目标对人生的影响"这个课题，对一些智力、学历、家庭条件等客观条件都很相近的年轻人做过一个长达25年的跟踪调查。我们根据调查结果就可以找到上述问题的答案。

调查结果显示：没有目标者占27%；目标模糊者占60%；目标清晰但比较短期的人占10%；目标清晰而且是长期目标的人占3%。

25年后，那些27%没有目标的人，生活状况很不如意，没有稳定的工作，几乎都生活在社会的最底层；那些60%目标模糊的人，虽然有稳定的工作和生活，但是大多没有什么突出的成绩，几乎都生活在社会的中下层；那些10%有清晰短期目标者，因为那些短期的目标不断地得以实现，所以他们的生活水平也都在稳步地上升，这些人的职业大多是医生、律师、工程师、高级主管等，他们生活在社会的中上层。那些只占3%有清晰的长期目标者在这25年中，几乎都不曾改变过自己的人生目标，而是始终在为自己的目标而奋斗，25年后的他们都成了社会各界的成功人士。

由此看来，那些生活中的强者在工作时总有一个明确的主要目标，并把某种明确而特定的目标当作促使自己努力奋斗的重要推动力。而那些不成功人士，多半属于目标模糊分散的人，他们一辈子做了很多的事情，但是却没有打造出一件精品。

当然，目标专一，一生只做好一件事，并非不求上进，也非懒惰，而是一种锲而不舍、全神贯注的追求。在专心追求目标的过程中，不但要有魄力，而且还要有定力、有毅力，要能摆脱名利、权位的诱惑，不为其他外物的诱惑而中途改道。

总之，不管是在工作中，还是在生活中，只要你坚持一心一意做好一件事，踏踏实实地做好每一环节，也许，奇迹就会在山穷水尽之际豁然涌现。

短信 3

日复一日地上班，最折磨人也最磨砺人

所有的事物都会在经历最初的光鲜后变得平常，所有的工作也会在经历了最初的新鲜后归于平淡。日复一日地上班虽然与美好的理想相去甚远，但这其实才是真正的生活、真正的工作。只有在平淡的工作中耐得住寂寞，才能获得锻炼，提升自我。

当我们还是学生时，看着白领们西装革履，朝九晚五，我们往往很是羡慕，盼望自己有朝一日也能像他们一样有着光鲜的生活。然而当我们真的成为上班一族，每天都挤公交、打卡、上班、下班，做着重复的事情后，往往会感到枯燥乏味，疲倦万分，不禁发出感慨：生活难道就是这样吗？

上班就如同我们小时候上学一样。在孩童时期，看着比自己大一点的孩子背着书包走向校园，我们心里总在盼望着自己赶快长大，早点进入校园。但是当自己真的进入校园后，原来想象的美好都成了平平淡淡之事，毫无新鲜可言。这是所有事物的规律，即所有的事物都会在经历最初的光鲜后变得平常，所有的工作也会在经历了最初的新鲜后归于平淡。

当原本羡慕的工作变成平淡的日复一日地上班后，内心不免有落差。其实，这才是最真实的生活。这时候，不要抱怨，不要失落，因为日复一日的工作才真正地锻炼人。如果能在工作中耐得住寂寞，你会发现，工作给予你的不只是一份能力，还有态度和眼界。你会从这一天天的工作中获得锻炼，得到提升。从而，离你的成功越来越近。

有个年轻人，他的第一份工作就是查看生产线上的石油罐盖是否被焊接封好。每天已装满石油的石油罐通过传送带运送到旋转台上，焊接剂从上面自动滴到石油罐的盖子一周，将油罐密封好后，油罐再被运送进仓库。他的工作就是保证这道工序别出什么问题。

在平常人看来，这是一份十分无聊、乏味的工作，工作的每一分每一秒都没有什么区别，连小孩子都能胜任。

刚开始时，年轻人对这个单调的工作也是厌烦透顶。但是他自知自己学历低，能力差，为了生计，他只能整天盯着传送带，在单调、枯燥中生活。可是，为了更好地把握自己的生活，他开始在单调的工作中寻找机会，使这单调的工作变得有趣起来，不再那么枯燥。

于是，年轻人就开始细心地观察自动焊接的过程。

经过反复观察，他发现滴落在每个油罐盖子四周的焊接剂有39滴。于是他就想：这39滴焊接剂都是必要的吗？如果用38滴或者37滴就能焊接好的话，不是能节省不少成本吗？

有了这个想法后，他就开始试验，最初研制出来的是37滴型焊接机，但是该机焊接出来的石油罐偶尔会有漏油的现象。后来，他又研制

第六章 上下求索——寻找幸福的出口

出了 38 滴型焊接机，该机可以将油罐焊接得滴水不漏，质量和 39 滴焊接机焊出来的没什么区别。

公司对他的这一发现非常满意，因为每个油罐少用一滴焊接剂，一年下来就可以为公司节省 5 亿美元的开支。公司很快就采用了他的焊接方式，年轻人也从此有了更好的发展。

这个年轻人就是后来的石油大王——洛克菲勒，现在他的名字在众人的眼里，就是成功和财富的象征。

面对看似平淡枯燥的工作，洛克菲勒却用细心和认真消除了枯燥，并从工作中获得锻炼，通过发现和创造，取得了更多的收获，创造了不平淡的人生。

其实，像洛克菲勒一样把工作做到出色，是每个员工应有的素质。但是，怎样才能将枯燥的工作做到出色呢？那就是热爱你的工作。因为热爱你的工作，可以让你更好地对抗消极的情绪——讨厌日复一日地上班；热爱你的工作，可以让你"忍受"工作中的寂寞，进而做到更出色。

在世界著名的希尔顿饭店有一位清洁工，他已经在这里工作了将近 20 年，并且一直负责洗手间的保洁工作。

这位清洁工总是将洗手间打扫得干干净净，擦拭得一尘不染。为了让洗手间没有污臭味，他还自己花钱买了一瓶高级香水，每天都在洗手间喷洒一些。如此一来，客人一进来就能闻到一股芳香的味道，都对他伸出大拇指。

后来，父亲给他找了个别的工作，但他却拒绝了，并对父亲说："我不想换工作，我觉得做洗手间保洁员没什么不好的，你看看我，每天我都能接触到不同国家、不同领域的人，还有机会学习其他国家的语言，现在我的朋友遍布世界各地，我的保洁工作让我学到了不少知识。另外，我勤奋工作，我相信我是世界上最优秀的卫生间保洁员，我觉得现在的我很幸福！"

不少客人正是冲着这位清洁工而入住希尔顿，他也因此被提拔为后勤部门主管。

在外人看来，卫生间清洁工的工作不是光鲜的，而是极其枯燥的，但是故事中的清洁工却对这份日复一日的工作怀着一份热忱，并从中体会到乐趣，学到了很多知识。所以，把看似平淡枯燥的工作做到最好，不仅仅是为了你所在企业的发展，更是为了自己的发展，为了自己以后的成功。

从上述两个例子我们不难看出，世界上没有原本精彩的工作，只有精彩的工作者。精彩的工作者会将原本乏味的工作变成精彩的工作，并从中得以锻炼和成长；而天天抱怨工作枯燥的人只会使工作越来越乏味，自己最终必会被工作所累，被自己的心所累，将自己的生活弄得一团糟。而一个人是要成为工作的受益者，还是要成为工作的受害者，则要看这个人有怎样的工作态度和方法。

要想成为工作的受益者，首先就要肯定自己的工作，找到工作的意义，这样，我们才会对工作充满激情，用激情将工作的枯燥融化。其次，当工作压力过大时，我们要学会调整自己的情绪，让工作节奏有快有慢，才能创造精彩的工作绩效。第三，专注于自己的工作，并学会用创意挥洒精彩，这样，你将有可能改变枯燥。第四，对于工作中遇到的困难，一定要想方设法解决掉，从工作中找到成就感，这样你才不会畏惧工作，而渐渐地喜欢工作。

当你满怀激情，并用坚持不懈的态度去对待工作时，相信你很快就能从"枯燥"的日复一日的工作中走出来，并且会让工作变得更加有趣，还能在工作中得到锻炼，提升自我。

第六章 上下求索
——寻找幸福的出口

短信

不要怀疑，坚守自己的信念

小草虽弱，却有野火烧不尽的顽强；春笋虽柔，却有石破天惊的毅力；小溪虽浅，却有奔向大海的勇气。人也一样，只要怀揣梦想，坚守自己的信念，不被外物所干扰，为实现自己的梦想而不懈奋斗，才能最终取得成功。

在我们的人生道路上，在每个最关键的岔路口，总会有各种各样的声音在我们耳边响起。有人支持我们的决定，有人却劝我们走另一条道路，还有的人说前方道路有虎狼，奉劝我们退回去……我们徘徊于坚持与动摇之间，彷徨于前进与退缩之中。是坚持走自己的路，还是选择另一条道路，抑或退回来安逸度日？

在进退两难，左右摇摆之时，我们该如何选择呢？读完下面的寓言故事，你也许就会找到答案了。

一群青蛙约定好，要一起爬到对面那座大山上去登高远眺，俯瞰周围的世界。

于是，所有的青蛙一起出发。

可是，山路崎岖，而且这山也太高了，青蛙们累得气喘吁吁。当爬到半路时，一些青蛙开始动摇了，打起了退堂鼓，说道："我们为什么要如此艰辛地爬到山上去看风景呢？想去看别处的风景，我们慢慢溜达到那里不就行了吗？"

一些青蛙在听到这样的声音后，慢慢地，也退出了前行的队伍。最后，只有一只青蛙爬到了山顶。

当这只青蛙从山上归来后，其他的青蛙们都为这只青蛙欢呼雀跃，并围着它问它在山上看到的景致，问它怎样才能坚持到最后。

但是，这只青蛙并不作答。

原来，这是一只聋青蛙，它只知道大家一起爬山，它听不到半路上那些青蛙退缩的声音，所以坚持往山上爬，终于登上山顶。

聋青蛙因为聋，所以没有受外界干扰，保持着内心的那份宁静，坚守着自己的信念，将自己应该做的事坚持做完，最终实现了自己的目标。如果身处在这个竞争残酷、浮躁社会中的我们也能做个"聋子"的话，坚守住自己心中的那块阵地，不受外界的干扰，不随波逐流，相信我们也会像聋青蛙一样登上山峰之巅。

小男孩家境贫寒，他父亲是位驯马师，母亲开着一个小裁缝铺。小男孩继承了父亲的血统，他喜欢在牧马场上奔驰的感觉，喜欢跟着父亲东奔西跑，一个马厩接着一个马厩，一个农场接着一个农场地驯服马匹。

由于经常四处奔波，他的学习成绩不怎么好，自然也不受老师的喜欢。

一天，老师让同学们写一篇作文，题目是：我的志愿。平时很讨厌写作文的小男孩，那天却兴致极高，他洋洋洒洒写了7张纸，描述着他的伟大志愿：拥有一座属于自己的牧马农场。而且，他还很认真地画了一张200亩农场的设计图，农场中央是一栋占地4000平方英尺的巨宅。

小男孩很兴奋地把作文和设计图交给了老师，他满心以为老师会给自己一个"优"，但是作文发下来时，他看到一个又红又大的"差"。

小男孩失望透了，他很是不满地拿着作文去找老师了："老师，这篇作文我是很用心地在写，可是您为什么给我一个'差'呢？"

老师解释道："你家里没钱，又没背景，学习还不好，你哪能办得起农场啊？别太好高骛远了。这样吧，如果你重写一个比较实际的志愿，我会再考虑你的分数的。"

小男孩听了老师的话，思量再三："我真的要重写一个志愿吗？可是我以后真的要拥有一座属于自己的大农场，但是作文不及格怎么办？"

想了半天也没想出个所以然来，最后便跑去征询父亲的意见。

父亲告诉他："孩子，这是一个非常重要的决定，你必须自己拿主意。"

小男孩想了想，最后决定一个字也不改，他要坚持自己的信念。

在这个信念的激励下，小男孩长大后，他还真拥有了属于自己的200亩农场和占地4000平方英尺的豪华住宅，而且那份初中时写的作文至今还留着。

后来，小男孩邀请当年的老师和同学们来农场宿营。老师见到小男孩和他拥有的这一切后，惭愧地低下了头，说："还记得当年我和你说的话吗？其实，我也对不少学生说过相同的话，还好你一直坚守着自己的信念，否则……"

当小男孩遭到老师的否定后，内心一定也做过无数次的挣扎，是该听从老师的劝告还是坚持走自己的路？其实，人最难对付的就是自己，最强大的也是自己的内心！只要自己计划好的，只要自己觉得对的，不管别人肯不肯定，不管别人赞不赞同，不管别人欣不欣赏，只管相信自己，坚持自己的想法和信念，义无反顾地去做。

美国有史以来最伟大的投资家——沃伦·巴菲特，因其倡导的价值投资理论而闻名世界，他还被美国人称为"除了父亲之外最值得尊敬的男人"。不过，巴菲特在少年时代，也曾碰到过和小男孩很相似的问题。

沃伦·巴菲特从小就有经商头脑。

11岁时，巴菲特说服了自己的姐姐共同投资，购买了平生第一只股票。他以每股 38 美元的价格购买了城市服务公司的 3 股股票。谁知，还没过几天，股价迅速下跌，跌到了 27 美元。姐姐知道后，每天都指责巴菲特，虽然巴菲特不停地解释要等三四年才能挣钱，但姐姐还是不肯罢休，依然整日抱怨连天。

后来，股价又回升到了 40 美元。姐姐见状，急忙催促着巴菲特赶紧将手中的股票一起抛掉。喋喋不休的唠叨终于使巴菲特照做了，但是很快，股价就一路飙升至 200 美元。巴菲特为此懊悔不已。

因为此事，他总结出第一条投资经验：按照自己的意愿来实施投资策略，不要被人们的言论所左右。在以后的职业生涯中，巴菲特一直铭记这条投资经验，不被他人的言论所左右，终于创造出属于自己的财富。

1957 年，巴菲特掌管的资金有 30 万美元，年末升至 50 万美元；1962 年则拥有 720 万美元，两年后又升至 2200 万美元，1967 年为 6500 万美元……

巴菲特在刚开始听从了姐姐的话，导致失败，原因就是不够相信自己，未坚守自己的信念。而当他意识到自己的错误后，便六十年如一日地坚持自己的立场，相信自己的判断能力，坚守着自己的信念，最终获得了实实在在的利益，取得了最大程度上的成功。

对人而言，要想存活下去，只需要一碗饭、一杯水就可以了；但是如果想活得精彩，想在某一方面取得成功，让生命绽放出绚烂的光彩，其中最关键的就是能坚持走自己的路，坚守住自己的信念，不要怀疑，不见异思迁，让心中的杂音寂静，做到不抛弃、不放弃，并为实现自己的目标而奋斗，你就会看见成功就在不远处，而且伸手可及。

短信 5

只要心中有目标，任尔雨打风吹去

一个心中有目标的人，自会深谋远虑，未雨绸缪，如此也就能从容镇定、心无旁骛地付出所有的努力去实现那个既定目标，任尔雨打风吹去，没有穿不过的风雨、涉不过的险途。

如果我们留心观察身边的人，就会发现有些人精神饱满，朝气蓬勃，意气风发，魅力四射；而有些人却整天忙忙碌碌、晕头转向，垂头丧气。这本是智力相近的一群人，为何他们的生活会有天壤之别？

贞观年间，有一匹马和一头驴子，它们是很要好的朋友。马经常外出拉东西，驴子则整日在屋里推磨。

后来，这匹马被玄奘大师选中，前往印度取经。

17年后，这匹马驮着佛经与玄奘回到了长安，它又见到了驴子朋友。

见面后，它们互诉挂念之情后，老马谈起了在旅途中的所见所闻。比如，无边无际的沙漠，高入云霄的山峰，辽阔无垠的大海……

驴子听着这种神话般的境界，不禁惊叹道："没想到，这些年来你经历过这么多事情啊！你真是太伟大了。那么远的路，我是连想都不敢想啊。你说我这样每天忙忙碌碌的，没有一刻清闲的日子，这何时是个头啊？"

老马听到驴子的抱怨，说："其实，我们走过的路程几乎一样长，当我向西域前进的时候，你也在一刻不停地行走着。只是，我和玄奘大师有一个遥远的目标，并且朝着目标的方向前进着，所以我们才见多识广，眼界开阔。而你却被蒙住了双眼，一辈子只围着磨盘打转，所以永远也走不出这片狭小的天地。"

朝气蓬勃之人就相当于故事中的马，他们有着一个为之奋斗的目标，并且能始终如一地朝着目标前进；而颓废萎靡之人就如同故事中的驴子，他们不知道自己想要到达的地方，只是整日围着磨盘打转，在迷茫、焦躁、苦闷中煎熬着，始终走不出那个狭隘的天地，蹉跎了岁月，虚度了人生。

其实，现实生活中不乏第二种人，做事漫无目的，只是为了做事而做事，为了填充心中的空虚和恐慌而忙碌。到头来，时间过去了，精力付出了，却没有得到很好的效果，心情越来越紧张，甚至事情越弄越复杂。

而想让事情变得简单、清晰，想有所作为的话，只有在心中先设定一个明确的目标，这样，做事的时候才不会被各种条件和现象所迷惑，才能获得一颗沉静如水、波澜不惊的心灵，才不致在风云四起、变幻莫测之时，紧张无措。

谈及自己的成功时，弗兰克说："在我看来，对一个有目标的年轻人来说，没有什么不能改变的，也没有什么不能实现的，而且这样的人无论从事什么样的工作，在什么地方都会受到欢迎。"

50年前，弗兰克还是一个13岁的少年。由于家境贫困，他没有上过几天学便提早进入了社会，他要求自己一定要有所作为。那时候，他的人生目标是当上纽约大都会街区铁路公司的总裁。

为了这个目标，弗兰克从15岁开始，就与一伙人一起为城市运送冰块，不断地利用闲暇时间学习，并想方设法向铁路行业靠拢。18岁那年，经人介绍，他进入了铁路行业，在长岛铁路公司的夜行货车上当一名装卸工。尽管每天又苦又累，但弗兰克始终铭记自己的人生目标，并积极地对待自己的工作，他也因此受到赏识，被安排到纽约大都会街

第六章 上下求索——寻找幸福的出口

区铁路公司干铁路扳道工的工作。

弗兰克感觉到自己正在向铁路公司总裁的职位迈进。在这里，他依然勤奋工作，加班加点，并利用空闲时间帮主管做一些统计工作，他觉得只有这样才可以学到一些更有价值的东西。后来，弗兰克回忆说："不知道有多少次，我不得不工作到午夜十一二点才能统计出各种关于火车的赢利与支出、发动机耗量与运转情况、货物与旅客的数量等数据。做了这些工作后，我得到的最大收获就是迅速掌握了铁路各个部门具体运作细节的第一手资料。而这一点，没有几个铁路公司经理能够真正做到。通过这种途径，我已经对这一行业所有部门的情况了如指掌。"

但是，扳道员工作只是与铁路大建设有关联的暂时性工作，工作一结束，弗兰克面临着离职的危险。于是，他主动找到了公司的一位主管，告诉他，自己希望能继续留在公司做事，只要能留下，做什么样的工作都可以。对方被他的诚挚所感动，调他到另一个部门去清洁那些满是灰尘的车厢。不久，他通过自己的实干精神，成为通往海姆基迪德的早期邮政列车上的刹车手。

在以后的岁月里，弗兰克始终没有忘记自己的目标和使命，不断地充实自己的铁路知识，废寝忘食地工作着，他每年负责运送100万名乘客，却从没有发生过重大交通事故，最终弗兰克终于实现了自己成为总裁的目标。

弗兰克的成功就是循着"只要心中有目标，任尔雨打风吹去"这条途径而取得的。亚里士多德说过："明白自己一生在追求什么目标非常重要，因为那就像弓箭手瞄准箭靶，我们会更有机会得到自己想要的东西。"一个心中有目标的人，自会深谋远虑，从容不迫地征服各种挫折和困难，任尔雨打风吹去，也要实现自己的目标。

不过，需要注意的是，这个目标一定要简单明了。简单明了的目标就像一个看得见的箭靶，当我们一步一个脚印地向其逼近时，就会积累起越来越多的成就感，沉淀出越来越厚的平实心，如此，我们也就更有机会得到自己想要的东西。

现在就为自己树立一个目标，并坚定地坚持下去。加油吧！相信你一定能够不慌不忙地处理好各种复杂的红尘世事，活得从容淡定！

短信 6

行动起来，不如意就会变成如意

梦想是成功的起跑线，决心是起跑时的枪声，行动是跑步者全力以赴的奔驰。只有梦想和决心，而没有行动，想得再多也是空想。如果想有所作为，想把不如意变成如意，那就行动起来，赶紧付诸以行动！

"这个月的销售成绩太低了，我对此很不满意。"

"我的手艺太差了，做的菜真难吃，我对此很不满意。"

"别人的生活真幸福，可是我的生活却如此凄惨。"

……

人生不如意十之八九，面对这么多的不如意，我们常常会想，如果当初不这样做就好了，如果当初换一种方式就好了……但是，再多的空想都无济于事。正如克雷洛夫曾经所说："现实是此岸，理想是彼岸，中间隔着湍急的河流，行动则是架在河上的桥梁。"其实，现实与理想之间那湍急的河流就是抱怨，如果想停止抱怨，那就必须通过"河上的桥梁"穿过"湍急的河流"，也就是用行动来避免抱怨，避免或者中止那些不如意之事，从而达到理想的彼岸。

有个落魄的年轻人，几乎每天都会去教堂祷告一番。他总是双手合十，十分虔诚地向上帝祷告："上帝，请看在我多年来虔诚的份上，求

第六章 上下求索
——寻找幸福的出口

求您让我中一次彩票吧！"

这天，他又来到了教堂，一副郁郁寡欢的样子。

他跪在地上祈祷着："上帝啊！我都三十多岁了，现在都还没有结婚，因为我没钱。您就可怜可怜我，让我中一次彩票吧！只要够买套房子就行了。求求您让我中一次吧，我会更加谦卑地服侍您！"

接下来的几天，他经常向上帝哭诉，并周而复始、不间断地祈求着上帝让他中彩票。

终于有一天，当他再次向上帝祈祷时，上帝的声音从空中传来："年轻人，不是我不帮助你，而是我只听到你的祷告，但却没见你买过一回彩票。你得买一张彩票，我才能让你如愿啊！"

可笑的故事背后有着发人深思的寓意，现实生活中不乏像故事中的年轻人一样的人，他们渴望着天上掉馅饼，渴望有免费的午餐，但是他们终日沉浸在梦想中，却不去为实现梦想而付诸行动。这样的结果显而易见，他们永远都是在做白日梦。

心动不如行动。想做成一件事，光有想法和计划是不够的，任何缺乏决心和实际行动的梦想，都会在时间的作用下慢慢萎缩，不会长久。只心动而不行动的人，永远只会过着随遇而安的平庸生活。有一颗一定要做成事的心，再配合切实的行动，坚持到底，才能够成功。

其实，不光在为实现梦想时要行动，在遇到不如意之事时，若想将不如意变成如意，也要马上行动起来。亡羊补牢的故事我们都听过，羊主人在丢了一只羊后没有补羊圈上的窟窿，所以丢了第二只羊；后来他赶紧将羊圈窟窿补上后，羊就再也没丢过。马上行动起来，即使结果不可逆转，下次也一定会变得顺利如意。

单海华原本只是一家公司的小职员，但是仅仅用了两年时间，他便顺利地晋升为营销策划部门的经理。当有人问起他的成功之道时，他淡然一笑，说道："我没有什么成功诀窍，我也是个很平凡的人，也会经常犯错误。但是，不管在什么时候，只要错误一出现，我就会马上进行补救，哪怕已经于事无补，但我还是会马上行动起来。"

别人问："你这样做又有什么作用呢？"

单海华说："错事早晚都要补救，明明是早晚都要做的事情，为什么不马上开始行动呢？那些不如意的事情，如果拖久了的话，很可能会变得更糟。另外，从补救的过程中我也会积累经验，这样的话，下次再做这种事情的时候，我就会一步到位，绝不会再走弯路了。"

反正都是早晚要做的事情，为什么我们不马上行动起来呢？的确如此，只有积极地投身到行动当中，才有可能使不如意变成如意。如果只想不做，只制订计划，只在心中构思宏伟蓝图，只一味地后悔自己做错事，而不去执行一下试试看，就永远不会有丝毫进步和收获。

所以，不管是开创新的天地，还是弥补过失，都马上行动起来吧！只要行动，不如意就会变成如意。

短信 7

不犯眼高手低的毛病

"千里之行，始于足下"，要想成就大事就必须要从小事做起，眼高手低是人生定位的大忌，只有脚踏实地，不轻视自己所做的每一件事；即便是最普通的，芝麻大的小事，也应全力以赴、踏踏实实地用实际行动去完成，这样才能把梦想转化为现实。

在现实生活中，总有一些人有着很高的梦想，但却不屑于眼前的这些小事。最初与其交往时，人们往往会被他们表面的雄心壮志所迷惑，老板也会认为他们是难得的栋梁之才。而事实上，他们眼高手

第六章 上下求索
——寻找幸福的出口

低，认为自己价值不凡，能力超群，在人生的规划中总给自己设定在一个形式上的"高位"上，一心只想着做大事，而对小事心不在焉、嗤之以鼻、不屑一顾。长此以往，他们不能也不会做出什么成就。

东汉时期，有一个名叫陈蕃的少年。他独自住在一间房间里，但是却肮脏不堪，臭味难闻。

有一天，一个朋友前来拜访陈蕃。刚进陈蕃的房间，一股臭气扑鼻而来。再一看，屋内的墙角、房梁上都结满了蜘蛛网；地上的脏衣服、臭袜子堆了一地；桌子上布满灰尘。

见此状，朋友面露不悦，便问陈蕃道："你为何不将房间打扫干净来迎接宾客？"

陈蕃昂首挺胸，不屑地回答说："大丈夫处世，当扫除天下，怎会打扫这么小的房间呢？"

朋友听后，当即反驳道："一屋不扫，何以扫天下？"

在现实生活中，不乏像陈蕃一样的人，他们胸怀大志，欲"扫除天下"，但他们却不屑于最基本的"扫除"工作。从事大事的地基不牢，华而不实，岂不是岌岌可危？"不积跬步，无以至千里；不积涓流，无以成江海"，这句古训说的就是这个道理。

做事情亦是如此，一件大事是由很多小事情组成的，很多的小事汇集在一起就是一件大事。不要不屑于那些芝麻绿豆般的小事，没有做好小事的能力，就不会积累到处理大事的经验。这样的话，纵然有多么宏大的理想，到最后也只会竹篮打水一场空。

李颖毕业于某名牌大学的经济管理系，她一心想进入大型的外资企业，但是没有丝毫工作经验的她却总是碰壁。不得已，她最后不得不"栖身"于一家成立不到半年的小公司。

虽然人是进来了，但是心高气傲的李颖根本就没把这家公司放在眼里，她总想着在这里"骑着马找马"。有了这样的心理后，李颖便看公司的一切都不顺眼。比如，老板不修边幅，公司的管理制度太差劲，同事们个个都土里土气的……她的抱怨声从来就没有停止过。

当老板布置给她一项任务时，她总觉得这任务太简单，要她做那就是屈才。所以，她的工作常常是能拖则拖，能躲就躲，因为这些事在李颖的眼里就是芝麻绿豆般的小事，根本就不在她思考的范围之内。用李颖的话说就是："我堂堂一个名牌大学管理系的高才生，那是要进入管理层的，我要做的事就应该是那种'一言定千金'的工作。"

她的表现老板都看在眼里。

一天，老板把李颖叫进办公室，很认真地对她说："我认为，你确实是个人才，但你似乎看不上我们这种小公司，所以你做事从来都是敷衍了事，毫不尽心。既然如此，我们也没必要挽留你。在我们这里真是委屈你了，请另谋高就吧！"

这时，被辞退的李颖才清醒过来，这份工作当时也是来之不易呀！依现在的就业形势，再找一份像这样的工作也很困难。

不过，世上没有后悔药，李颖只能重新投入到找工作的队伍中。

好高骛远、眼高手低，终究只能像李颖一样，让自己局限于旧有的捆绑中不得前进。殊不知，那些能成就大事者，并不是因为一开始便身居高位，也不是他们有一步登天的本领，而是他们懂得一步一个脚印，懂得踏踏实实地从基层干起。

人人都有崇高的理想，那些能成就大事者不会每天都深陷于幻想中难以自拔，他们会制订好切实可行的计划，从一点一滴的小事做起，他们一步步地默默努力着，并这样毫不松懈地坚持下去。终于有一天，他们晋升成为公司的骨干。

周围的人看到他们的成就后，不禁会大吃一惊。但仔细回想一下，他们的成功是必然的。只有自助，天才会相助，梦想对于他们而言，已经变成了活生生的现实。

第六章 上下求索——寻找幸福的出口

一位餐饮集团董事长在跟自己的儿子聊天时，说起了他最难忘的生活。

酒店管理专业毕业的他在刚出大学校门后，进了一家酒店。本来应聘时，他应聘的职位是领班，但是在上班时，他却被调进餐厅厨房做起了一名杂工应该做的工作。

由于酒店晚上的客人最多，他每天晚上都要洗超过300件餐具，其中还不止是碗、碟这种好洗的餐具，还有许多大菜盘、蒸笼等。那些餐具摞起来比几个人还高，每一件餐具都得先清洗再擦干，然后还要消毒，最后再一件件摆放得整整齐齐。他一米八几的大高个，胸前围个长围裙，弯着腰，经常一洗就是大半夜。

除了清洗餐具外，他还要包锅贴，运烟酒……各种杂活都要做。

儿子问爸爸："那你当时不觉得委屈吗？你可是堂堂一个名牌大学的高才生，去酒店怎么着也是管理层人物呀！"

这位董事长呵呵一笑，说道："刚开始呀，爸爸跟你现在的想法是一样的，但是后来一想，凡事都要从基础做起啊！虽然自己是大学生，但是若只看着高位置，而不切身做好最基础的小事，以后也不会有大发展的。要知道，你爸爸可是最棒的洗碗工。"

说完，父子俩都哈哈大笑起来。

这位董事长也同其他人一样，对未来充满由衷的向往，但他与一般人不同的是，他在心中勾画出宏伟蓝图后，甘心从小事做起，并能把小事做好、做精，像蜜蜂般踏实努力地工作，最后终于取得了骄人的成绩。

想登上山顶，只有一步一个脚印地向上攀登，步子才走得稳。千里之行始于足下，无论我们有多么伟大的理想，也一定要脚踏实地，认认真真地做好每一件事，这样才能取得实实在在的成果，进而积累起做大事的资本。

因此，如果你想成就一番伟业，就赶紧丢弃掉眼高手低的毛病，从小事做起吧！

短信 8

你希望成功吗？多做一盎司吧

火再加一把，热水就会沸腾；杆再升一点，纪录就会刷新。人生"没有最好，只有更好"，如果你每天都能够坚持"多做一盎司"，坚持比别人多做一点点，就意味着告别平庸，意味着到达极致。

在工作中，我们经常会见到一些很闲的人，这些人也并非是在偷懒，而是在完成自己的工作后就无所事事，只等着下一项任务的下达或者下班回家；而我们还会见到另一种整日忙碌的人，这些人也并非工作效率低下，他们只是在完成本职工作之外，又在多做"一盎司"。

盎司是英美制重量单位，一盎司只相当于 1/16 磅。国外著名投资专家约翰·坦普尔顿，通过大量的观察和研究，得出了"多一盎司定律"，即某些人之所以取得了突出成就，仅仅因为比别人多做了一盎司。

无论你就职于哪个行业领域，无论你是企业的高管还是普通职员，仅仅满足于完成自己眼前的工作是远远不够的，还要注意"多做一盎司"。只有这样，你的上司才会关注你，你的客户才会信赖你，从而，你也就拥有了更多的成功机会。

大学毕业后，梁慧在一家外企担任文秘，主要工作就是整理、撰写和打印一些材料。

由于经常接触公司的各种重要文件，又学过有关策划方面的知识，细心又聪明的梁慧发现公司有些项目的策划文案存在着问题。于是，在

第六章 上下求索
——寻找幸福的出口

完成本职工作之外，梁慧便开始搜集关于公司文案策划方面的材料，在对这些资料进行分析后，梁慧又把自己对某些项目的建议整理出来，最后一并打印出来交给了老板。

老板仔细地看了一遍梁慧整理的这份材料后，不住地点头称好。后来，梁慧提出的一些方案还得到了采用，并取得了不错的效果。

老板见梁慧如此年轻，却能想出这么别出一格的创意，而且分析得井井有条、合情合理。于是，老板在与策划部商讨后，便将梁慧调到了策划部担任创意总监助理一职。

从此，她的职业生涯蒸蒸日上。

对于许多人都觉得枯燥无味的工作，梁慧却能很认真地对待，把平凡的工作也做得非常出色，并且得到重用。梁慧能跃出平庸之列，踏上成功之途，这不是幸运女神眷顾的结果，而是因为她坚持比别人多做一点点。

尽职尽责完成工作的员工，最多只能算是称职的员工；而那些能在自己的工作之外再"多做一盎司"，付出比别人更多的努力，就有可能获得比他人更进一步的成功。

龙小波和杜海生同在一家酒店做后勤工作，他们的工作内容大同小异，薪水也一样。

但是一段时间后，杜海生又是升职又是加薪，而龙小波却还在原地踏步。龙小波觉得委屈极了，自己每天尽心尽力，把上司下达的工作做得很好，为什么老板不公平对待呢？于是，他便找到老板，将满腹的牢骚一诉而发。

听完龙小波的抱怨，老板没有劝慰他，而是让他到集市上去一下，看看集市上有什么菜品在卖。

一会儿工夫，龙小波便风风火火地从集市上赶回来了，他汇报道："集市上只有一个菜农拉着一车白菜在卖。"

"有多少斤白菜?"老板问道。

"这……我马上去问。"龙小波又风风火火地跑走了。

一会儿,他又气喘吁吁地跑回来,兴奋地跟老板说:"有100斤白菜。"

老板又问:"那多少钱一斤呀?"

"……我再去问问。"龙小波正要出门,一下被老板叫住了。

"不用了,"老板说道,"现在你到里屋歇会儿,别出声,只管听着外面的动静就是了。"

老板把杜海生叫了进来,吩咐他去集市上看看有什么菜在卖。

杜海生很快就从集市上回来了,他一口气向老板汇报说:"现在,集市上只有一个菜农在卖白菜,一共有100斤,价格是六毛钱一斤。他的这些白菜质量不错,菜叶又肥又大,价格比市场价要低。我们酒店每天需要20斤白菜,现在酒店的白菜已不足30斤了,后天也就不够用了。100斤白菜五天左右就可以用完,白菜不易坏,能多放几天,所以我把菜农带来了,看看您是否有需要。"

老板吩咐杜海生去买白菜。然后又从里屋叫出龙小波,语重心长地对他说:"年轻人,现在你知道为什么杜海生能升职加薪,而你还是原地踏步的原因了吧?"

龙小波无语,惭愧地低下了头。

杜海生与龙小波的差别在哪里呢?就是多做那么一点点。事实证明,谁能多做一盎司,坚持比别人多做一点点,谁就能得到千倍的回报。人生"没有最好,只有更好",比别人多做一点点,其实并不难,我们已经付出了99%的努力,再多增加"一盎司"又有什么困难呢?而正是这1%的小举动,就有可能让你告别平庸,到达极致。

"多一盎司定律"可以运用到所有的领域,它是让一个人走向成功的普遍规律。

第六章 上下求索
——寻找幸福的出口

在20世纪30年代以前，人类经常遭受到病菌的侵害，有很多人还因为病菌感染而失去了生命。但是，当时的医疗条件匮乏，医生对病菌了解甚少，他们只能眼睁睁看着病人被病菌折磨到死。

1928年，伦敦大学圣玛丽医学院的英国细菌学家亚历山大·弗莱明在检查培养皿的时候，发现在培养皿中的葡萄球菌长了一大团霉。一般人在看到这种情况时，可能不会予以理会，因为这是很平常的事情，只不过证明了培养皿受到污染。

但是弗莱明却"做了更多的事情"。他用显微镜对霉团进行了仔细观察，发现霉团周围白斑里的葡萄球菌都被杀死了。

这一发现引起了弗莱明的极大兴趣。是什么杀死了葡萄球菌呢？他又多用了点心，将这种霉团进行培养，然后通过过滤霉团，他发现葡萄球菌、链球菌和白喉杆菌等都能被它的滤液抑制，那它应该也能杀死其他病菌。他把这种霉菌命名为"青霉菌"，把青霉菌的分泌物命名为"青霉素"。

弗莱明的发现使许多恶性疾病不再猖狂，使无数面临死亡的病人得到挽救。

直至今日，青霉素依然是医生对受病菌感染病人的首选治疗方法，成为流行最广、应用最多的抗菌素。

弗莱明如果没有比别人多做"这一点"，他又怎会发现青霉素？如果晚几年发现青霉素的话，又有多少人会过早地丧失性命？世界的医学发展又会落后多少年？由此看来，"多做一盎司"其实就是我们多一点点的责任心，多一点点敬业的态度。

所以，以后坚持每天"多做一盎司"，坚持比别人多做一点点，你就会在不知不觉中提高了自己，你也将会成为越来越优秀的员工，以后将会获得数倍于一盎司的回报。

第七章

补充动力
—— 冲破困扰着你的那层冰霜

很多时候，不是我们无力改变现状，而是缺少一股冲破坚冰的勇气。多给自己一点积极的暗示，多给自己一点赞美和欣赏，让梦想为成功导航，不断为自己充电，点燃身体里那个有着无限潜能的小宇宙，未来一定会比你想象得更美好！

短信 1

充满热忱，机会就会上门

热忱是一股强大的力量，它可以补充你的精力，使你释放出意想不到的能量，创造出惊人的奇迹。一个人如果想获得成功，就必须把自己全部的生命热忱都投入进去，这样一来，机会就不会从你身边溜走，甚至会找上门来。

知之者不如好之者，好之者不如乐之者。当你热爱一件事物的时候，你会对它充满热忱，将全部的注意力都放在上面。当你全神贯注的时候，机会自然不会从你的身边溜走，甚至会找上门来。

机会只给有准备的人，而充满热忱的人，无疑就是最有准备的人。

齐山是一个刚刚毕业的大学生，他很幸运地进入了一家大公司，但是职位低下，只是市场部一个整理资料的文员。

一个大男人做文员确实不太常见，但是齐山却尽职尽责，总是把各种资料很精细地分门别类。在工作中，他还试着找寻改进的方法，使工作能又快又好地完成。在完成自己的分内工作之余，齐山还努力学习公司的其他事务。但是齐山的这些工作，还有他对工作始终保持的那种热忱却令那些老员工们嗤之以鼻，他们总在背后嘲笑他。

然而，不久后齐山便被人事经理提拔为市场部主管，进入了公司的管理层，管理着昔日嘲笑他的那些老员工。

此时，老员工们愤愤不平，纷纷去找人事经理，想知道自己为何没有得到提拔的机会。

第七章 补充动力
——冲破困扰着你的那层冰霜

人事经理只说了一句话:"齐山平时的工作态度想必你们都清楚,他对工作充满了热忱,我相信他,即使他做什么不会做得很好,但是一定不会做得不好。"

其实做什么事情都是如此,一个人只有对工作充满热忱,他才会发现很多其他人发现不了的东西。此时,机会也已经悄悄地来到了他的身边。机会每天都有,但是能抓住机会的人却少之又少。就如故事中的那些老员工一样,到了事后才知道机会曾经就在眼前,但是自己少了那份热忱,所以机会又在他们的眼皮底下悄悄地溜走了。

博伊尔说:"伟大的创造,离开了热忱是无法做出的。这也正是一切伟大事物激励人心之处。离开了热忱,任何人都算不了什么;而有了热忱,任何人都不可以小觑。"的确,在每一项发明、每一幅书画、每一尊雕塑、每一首诗词、每一部让世人惊叹的小说或文章的背后,都离不开热忱的力量,热忱是所有伟大成就背后的最具有活力的因素。

1907年,美国的一个年轻人刚进入棒球队不久,就遭到有生以来最大的打击——他被开除了。球队经理给出的开除原因是,他的动作无力,不适合打棒球。

年轻人走之前,球队经理对他说:"你这样慢吞吞地,哪像是一个棒球运动员?离开这里之后,无论你到哪里做任何事,若还是像这样一样,打不起精神来,你将永远不会有出路。"

离开这个球队以后,年轻人又加入了亚特兰斯克球队。但是这个球队给他的月薪只有25美元,要知道,这只是原来球队月薪的七分之一。差距如此之大,年轻人真是郁闷至极,再加上这个球队有好多人都知道他是被原来球队开除的队员,有时候总在他背后轻声议论。

悬殊的落差,再加上队员的指指点点,使年轻人没有丝毫热情。

在这个球队待了大约10天之后,一位老队员把年轻人介绍到了新凡的一个球队。

因为在新凡没有人知道他过去的事情，年轻人决心要在这里重新改变自己，他要让自己成为新英格兰最具热忱的球员。

在棒球场上，年轻人就好像全身带着电一样，他投出的每个球都是又高又猛，震得接球人的双手都麻木了。有一次，他以猛烈的气势冲入三垒，那位三垒手都被吓呆了。当时的气温高达39℃，年轻人却像只猛兽一样在球场上来回奔跑，奋力去接每一个球。

第二天一早，报纸上就登了这场比赛。报上说这个年轻人就像是一个霹雳球，全队人都受到他的影响，活力四射，他们最终赢了这场比赛，而且这也是本赛季最为精彩的一场比赛。

年轻人在读报的时候，兴奋得无以复加。为此，他的月薪也由25美元提高为185美元。在此后的2年里，年轻人的薪水加到30倍之多。

当有人问起他为什么会有如此大的进步时，年轻人说道："没有别的原因，只因为我有一股热忱。"

不幸的是，后来年轻人因手臂受伤，不得已，只好放弃了其棒球生涯。

这个人就是美国著名的棒球运动员，后又成为人寿保险推销精英的法兰克·派特。

棒球生涯结束后，法兰克又到菲特列人寿保险公司做保险销售员，但是刚开始的情况也很不好，他整整一年多都没有什么业绩。但后来，他又像当年打棒球一样，又变得热忱起来，最终成为人寿保险界的大红人。

法兰克在对别人谈起自己的推销经验时，说："我从事推销已经15年了。我见到许多人，由于对工作抱着热忱的态度，使他们的收入成倍数地增加起来。我也见到另一些人，由于缺乏热忱而走投无路。我深信唯有热忱的态度，才是成功推销的最重要因素。"

这种热忱所带来的结果，真令人吃惊。法兰克正是由于对生活、对生命的热忱，才在人生最惨淡的时候，让生命充满活力。由此看来，热

第七章 补充动力
—— 冲破困扰着你的那层冰霜

忱是一股强大的力量，它可以使一个人精力充沛，使一个人迸发出坚强的个性，释放出意想不到的能量，创造出令人叹为观止的奇迹。

成功有时候取决于人的才能，但很多时候取决于人对事物的热忱。

一个充满热忱的人，无论遇到多大的困难，无论前途看起来是多么的暗淡，他们总是相信心目中的理想图景终会变成现实，进而总是能朝着理想的目标不懈努力，不停地前进。

所以，一个人若想获得成功，若想抓住机会，不让机会溜走，就必须把自己全部的生命热忱都投入进去，并为目标而不懈奋斗着！

短信 2

找到你的工作使命感

没有工作使命感的人就没有不断递进的目标，永远都只是在人生的旅途上徘徊。而一旦一个人有了工作使命感，无论给予他的任务有多么困难，他都会有一定要完成的坚强信念。

提到工作使命感，有些人可能会说："我总是听别人说'工作使命感'，但它究竟是什么，怎么样才算得上一个有使命感的员工？我却一点也不知道。"

其实，所谓工作使命感，就是知道自己在做什么，以及这样做的意义所在，就是把自己与一个伟大的事业联系在一起，释放出生命的激情。

可事实上，总有很多人在不停地抱怨："做这样的工作有什么意义呢？我宁愿待在家里，也不愿意受那份罪。"这样的人，就是没有工作使命感的人，小事不屑一顾，大事又不能胜任，不管走到哪里都会碰一鼻子灰。

  农夫家里养着一头牛和一头骡子，到了播种时节，农夫就一直用牛和骡子耕地、播种，每天都在田地里忙来忙去，很是辛苦。

  一天，从地里回来后，骡子对老牛说："真是太累了，我们明天装病休息一天吧！"

  老牛摇了摇头，说："不能休息啊！播种的季节不长，做完了我们再好好休息，现在还是努力工作吧。"

  骡子不屑地看了一眼老牛，心里偷偷说着："就知道干活，真是个笨蛋！"

  第二天，骡子便装病休息。

  为此，农夫还给它弄来了新鲜的青草和谷物，希望它舒服一点。

  老牛耕种回来后，骡子赶紧向它询问田地里的情况。老牛告诉它自己做了不少活儿，但是还是没有它们俩一起做得多。

  骡子又急忙问："那主人有没有说我什么呢？"老牛摇摇头。

  这下骡子放心了。

  第二天，它又装病偷懒。听到老牛又说农夫没有责怪它时，第三天、第四天，它又连着装病休息。

  到第五天的时候，等到老牛从地里回来后，骡子又问："今天主人说我什么了吗？"

  老牛说："主人没对我说什么，但他却和屠夫说了半天话。"

  我们常说："没有卑微的工作，只有卑微的态度。"在职场中，很多人就与故事中的那头骡子一样，抱怨工作辛苦乏味，抱怨老板太苛刻，于是就投机取巧，对工作不负责任，这就是没有工作使命感的表现。而这些人由于没有不断递进的目标，所以永远都只是在人生的旅途上徘徊。

第七章 补充动力
——冲破困扰着你的那层冰霜

试想一下，工作给了我们一个体现自我价值的机会，我们为什么要把它当成苦役呢？当你抱怨工作枯燥乏味的时候，你有没有想过为什么会出现这样的问题呢？也许问题的根源不在于工作，而在于你自身呢？在你的潜意识里，有没有"工作使命感"这个概念呢？

如果找到了工作使命感，你就会发现，工作并非是单调乏味的，它其实是一件非常有趣、非常有意义的事情；找到了工作使命感，不管给予自己的任务有多么困难，你都会有一定要完成的坚强信念。

短信 3

好好控制你的信念，引爆内心的能量场

信念就像一支火把，如果我们能好好地控制信念，它就能引爆我们内心的能量场，推动我们朝着梦想迈进。相反，如果我们丧失信念，就会变成一具行尸走肉，将我们的人生引向失败，甚至毁灭。

没有养分，花草就会枯萎、凋零。即使苟活，也只不过是残花败草，没有生机和活力。对人而言，要想生存下去，只需要一杯水、一碗饭足矣，但是若想活得精彩，就必须活得有精神，活得有信念。人生需要信念，就像花草需要养分一样，尤为重要。

一位成功人士曾经说过："一个有信念的人所发出来的力量，不小于99位仅心存兴趣的人。"的确，信念的力量是惊人的。强烈的信念可以帮助一个人挖掘出深藏在其内心的无穷力量，使他竭尽全力地采取一切积极行动过好自己的人生。信念可以使乞丐变成富翁，使梦想变成现实，使黑暗中的人看到光明，甚至创造出惊人的"奇迹"！

但是，我们若想挖掘出信念带给我们的力量，就必须好好控制自己的信念，必须把信念提升到十分强烈的程度。因为只有当信念达到强烈的程度时，才会引爆我们内心的能量场，促使我们采取一切积极的行动，扫除眼前所有的障碍，进而才能奏出生命中最动听的乐章。

居里夫人是世界著名的科学家，一生曾两度获得诺贝尔奖。因为她在研究放射性现象时发现了镭和钋两种天然放射性元素，所以被人称为"镭的母亲"。

在研究过程中，居里夫人有着超乎常人的强烈信念。在当时，提取纯镭所需要的沥青铀矿是很昂贵的，居里夫人和丈夫皮埃尔·居里便省吃俭用，一点一滴地节省下钱，先后买了八九吨沥青铀矿。为了能早日提炼出纯镭，居里夫人经常在实验室一待就是一整天，在其丈夫去世后更是如此。

但是，由于长期受到放射性元素的侵袭，再加上对身体保护得不够严格，居里夫人的身体渐渐受到了破坏，被多种疾病所困扰。如白血病、肺病、眼病、胆病、肾病，甚至还患过神经错乱症。然而，面对这些疾病的侵扰和折磨，有着坚定科学信念的居里夫人丝毫没有退缩过。她的眼睛在即将遭遇失明的危险时，她还是顽强地进行科学研究；在她不得不早日进行肾脏手术时，她却为了能参加世界物理学大会，请求医生推延手术时间；在她生命垂危的最后一刻，她仍然要求她的女儿向她报告实验室里的工作情况，替她校对她写的《放射性》著作……

居里夫人常说："生活对于任何一个人都非易事，我们必须有坚韧不拔的精神，最要紧的，还是我们自己要有信念。我们必须相信，我们对每一件事情都具有天赋的才能，并且付出任何代价都要把这件事完成。"

一个有强烈信念的人，就如居里夫人一样，虽然自己身患重疾，但坚定的信念为其开启了卓越之门，完美地引爆了内心的能量场，进而轻

第七章 补充动力
——冲破困扰着你的那层冰霜

而易举地控制好自己的人生。

高尔基曾指出:"只有满怀信念的人,才能在任何地方都把信念沉浸在生活中并实现自己的意志。"巴甫洛夫更是宣称:"如果我坚持什么,就是用炮也不能打倒我。"综观在事业上有成就的人,都离不开强烈信念的支撑。

《哈利·波特》一书曾风靡全球,被翻译成35种语言在115个国家和地区发行,引起了世界性的轰动。然而,隐藏在《哈利·波特》创作背后的故事,知道的人应该少之又少。

《哈利·波特》的作者是一个名叫乔安妮·凯瑟林·罗琳的女人,她自幼就酷爱英国文学,尤其喜欢写作和讲故事。大学毕业后,她只身前往葡萄牙发展。在那里,她结识了当地的一名记者,两人很快坠入情网,并结了婚。

可是,好景不长,婚后的丈夫便原形毕露,经常对罗琳拳打脚踢,并不顾罗琳的苦苦哀求和嗷嗷待哺的女儿的年幼,将这对母女赶出了家门。罗琳在走投无路的情况下,只好带着3个月大的女儿回到了英国,栖身于爱丁堡一间阴冷的小公寓里。这时的罗琳没有收入来源,不得不靠救济金生活,但是那点可怜的救济金完全不够她们的生活所需,经常是女儿吃饱了,她自己还饿着肚子。

然而,这种种的打击并没有挫败罗琳写作的积极性,她始终坚守自己的信念,夜以继日拼命不停地写作,她相信自己一定能达到事业的顶峰。为了节省电费,她有时会待在咖啡馆里写上一整天。就是在这样的情况下,她的第一本《哈利·波特》诞生了,并且创造了出版界的奇迹。

那时候的罗琳拥有的财富甚至比英国女王还要多,当她说起她对成功的感想时,她说:"我始终坚守着自己的信念。"

信念是一种动力,若想在人生中有一番作为,就必须相信自己,坚持自己的信念。有了信念的支撑，人们的精神就有了寄托，行动也就有了动力，这样的生命体自然就能迸发出无比巨大的勇气和力量。

总之，信念需要好好控制，只有如此，它才能帮我们挖掘出深藏在内心的无穷力量，推动我们朝着梦想迈进。你若想在人生中有一番成就，开创美好的未来，那就请记住：把信念提升到强烈的地步。

短信 4

积极自我暗示，一种神奇的力量

积极的自我暗示是一种神奇的力量，在做任何事情之前，如果你能够用积极的思想充分地暗示自己，就会激发出自己的潜能，你会变得更加自信，来达到自己心中的目标，最终得偿所愿。

在孩童时期，当你晚上入睡之前，妈妈告诉你当心尿床。于是，你果然尿床了。你有没有过这样的经历呢？其实，这就是一种暗示。在你疲惫的时刻，妈妈的关于"尿床"的暗示直接对你的潜意识产生了作用。

暗示是一种诱导人按照设定的方式完成一件事情的过程，是直接对潜意识产生作用的方式。而自我暗示是用意识改善潜意识的过程，通过不断地重复暗示，在潜意识中接纳积极的观点，从而改善你的心理系统。

自我暗示分为积极的自我暗示和消极的自我暗示。积极的自我暗示来源于自身的自信意识，可以诱导我们往积极的方向前进；而消极的自我暗示的罪魁则是消极的心态和自卑意识，它只会让我们随之变得消

第七章 补充动力
——冲破困扰着你的那层冰霜

极、悲观。

自我暗示是一种很神奇的力量，这两种不同的心理暗示，会给你带来两种不同的思考方式和行为。

有个小女孩，她的额头上有一块手指肚大的红红的胎记，自尊心极强的她觉得这个胎记让自己变得很丑，为此，她便不愿意出门，不愿意和伙伴玩耍，不愿意抬头走路，她总是一个人待着，每天都耷拉着脑袋。

有一天，姨妈送给女孩一只漂亮的发卡，说戴上这只发卡，就能挡住那块胎记了。

女孩戴好发卡后，对着镜子仔细照了照，发现胎记确实被遮住了，她立刻觉得自己变漂亮了。"咯咯……"久日未见的微笑终于又出现在了她的脸上。

于是，女孩就高高兴兴地对妈妈说道："妈妈，我上学去了，再见！"刚走到门口，她与迎面而来的人撞了个满怀，她面带微笑地说了声"对不起"，就蹦蹦跳跳地走开了。

到学校后，女孩高兴极了，因为她觉得发卡已经挡住那块胎记了，她是个漂亮的小公主。所以，她见到每个同学都会主动向他们打招呼；见到老师时，也会很有礼貌地问好；上课听讲也比以前认真多了。以前的她总觉得每个人都不喜欢她，而今天，她却觉得人人都比以前要亲切，人人都喜欢她。

放学后，女孩乐呵呵地跑回家。刚进家门，女孩就兴奋地对妈妈说："妈妈，我姨妈真是太好了，她送给我的这个发卡实在是太神奇了！今天我非常开心，老师和同学对我也比以前好多了。"接着，她就迫不及待地把在学校发生的一切和妈妈讲了。

妈妈听完女儿的讲述后，愣在了那里，"孩子，妈妈真为你能有这样的改变而高兴，不过……"妈妈指着放在茶几上的发卡，继续说道，"不过，你今天并没有戴这个发卡啊，早上你出门后，我在门口捡到了它！"

一个工人在一个巨大的冷库里整理东西时，被人锁在了冷库里。于是，他便使劲呼叫，希望有人能听到他的喊声。

但是，时间一分一秒地过去了，还是没有人来为他开门。工人绝望了，他瘫坐在那里。

第二天，人们上班的时候发现他已经被冻死了。

可是令人们不解的是，那个冷库根本就没有接通电源，冷库内部的温度和室温几乎没有差别。他怎么就会被冻死呢？原来，他是死在了自我暗示之下。

很显然，小女孩的心态变化就是内心积极的自我暗示的表现，她心里一直在暗示自己那个漂亮的发卡已经挡住了自己的胎记，现在的自己很漂亮。而冷库里的那个人之所以会发生这样的悲剧，则是其内心消极的自我暗示的结果。

由此可见，在心理上对自己进行积极的自我暗示，可以诱导和培养出一个人的自信心。而消极的自我暗示只会使人在某一种不满的状态下停滞不前。这正如詹姆士·艾伦在《人的思想》一书中所说："一个人所能得到的，正是他们自己思想的直接结果……有了奋发向上的思想之后，一个人才能奋起、征服，并能有所成就。如果他不能奋起他的思想，他就永远只能衰弱而愁苦。"

美国篮球史上最杰出的大学教练员约翰·伍登是一个乐观自信的人，在工作上和生活上他都是如此。

1964年至1975年间，约翰·伍登率领加利福尼亚大学洛杉矶分校校队，十次获全美大学冠军，七次蝉联大学联赛冠军，八次以不败的纪录获联合会赛冠军，曾连续88场保持不败……

当有人问起他的成功秘诀时，他十分平静地说："每晚睡觉前，我一定会告诉自己'我今天表现得非常好，明天还要努力，表现得比今

第七章 补充动力
—— 冲破困扰着你的那层冰霜

天更好。'正是我不断地对自己进行正面而积极的自我暗示，才成就了今天的我。"

在生活中，无论遇到怎样的事情，伍登也都是一副乐观向上，自信满满的样子。

有人问及原因，伍登笑着回答说："无论我们所生活的世界如何，只要我们不断地运用积极的'自我暗示'，就会发现这个世界有着无限的可能，也因此而激发出内在的潜能来。"

有人曾说："一切的成就，一切的财富，都始于一个意念。"的确如此，一个人的贫与富、成与败的根本原因就在于：你习惯于在心理上进行什么样的自我暗示。积极的自我暗示可以引导我们走向成功；反之，消极的自我暗示则会阻碍我们的成功。

所以，我们要运用好积极的自我暗示，避免消极的自我暗示，只有如此，才能改变那些阻碍我们成功的坏习惯，走向胜利的彼岸。

那么，从现在开始，我们就不妨每天花上几分钟的时间，对自己进行积极的心理暗示，给自己输入积极的语言，比如"我是最棒的"、"我一定会成功"、"我能做到"、"没有什么能阻挡我前进的脚步"……相信，你定会收获到意想不到的效果。

短信 5

自我欣赏，自己给自己打气

每个人都是独一无二的，这个独特的"自己"既有优点，也有不足。只有学会自我欣赏、自我品评，学会在无人喝彩时能照常前行，才能肯定自己、相信自己、欣赏自己，让自己体会到属于自己的那份幸福。

一棵小草可以为这个世界增添一丝绿意，一片枯叶也可"化作春泥更护花"，一粒细沙也可成为建造高楼的材料……由此可见，天地万物，任何事物都有它独特的价值，都有值得欣赏的地方。

午饭后，动物们聚集在一起闲聊。

熊吃力地挪动着自己笨拙的身体，想站起身来。一边起身一边说："小兔子多好啊，身体灵活，奔跑起来时，像是一阵风，可是你们再看看我，笨得连起身都这么费力。唉！"

这时，小兔子害羞地连连摇头，说道："我有什么啊？个子这么矮，不像大象，它个子那么高，能看到好多我看不到的景致呢！"

兔子的赞美令大象很是意外，它急忙说道："怎么还有人羡慕我呀？我虽然高，但是行动还是不便，若是能像小猴子一样上蹿下跳的，既能爬到树上眺望远方，又可以在地上来回奔跑，这样才好呢！"

而小猴子听后，却急忙摆手，说道："不，不，我虽然能上能下，

第七章 补充动力
——冲破困扰着你的那层冰霜

但是却没有自我保护的能力。刺猬才好呢，它浑身长满刺，谁都不敢欺负它。"

刺猬没想到还会有人觉得它好，赶紧说道："我胆子小，力气小，所以很羡慕凶猛的，力气大的，比如狮子叔叔、熊大伯。"

狮子听完大家的议论后，总结了一句话："我们每个动物都是一个与众不同的自己，我们身上都有不同于其他动物的地方，都有令别人羡慕、称赞的地方。所以，我们应该为自己自豪，应该学会欣赏自己。"

那你有过自我欣赏吗？比如你长得很好看，你有一双清澈透亮的眼睛，你的身材很棒，你的文采很不错等，这都是值得你自我欣赏的地方。不要认为自我欣赏就是"自恋"，它只是自我满足的一种表现，它可以激发自信心。信心增强了，便会促使我们发挥出最大的潜能，激励我们获得最大的成功。

黄美廉女士在刚出生时就很不幸，由于医生的疏失，她的脑部神经受到严重的伤害，自幼就患上了脑性麻痹症，以致她不能说话，嘴巴也歪着，口水会不停地流出来。

但是，黄美廉却没有被先天的缺陷所困住，她的嘴巴不好用，就用手来寻找幸福。她快乐地用手拿起画笔，画出了加州大学艺术博士学位，也画出了自己灿烂的人生。

有些人在看到黄美廉的成就后，很是不解。她这么一位重度的脑性麻痹症患者，怎么会有如此大的成就呢？而且残疾的她为什么每时每刻都那么的快乐？在黄美廉的一次演讲会上，有个学生就直言不讳地提出了这么一个尖锐的问题："请问黄博士，您从小身有残疾，可您为什么还这么快乐呢？您是怎么看待自己的？有没有过别样的想法？"面对这种尖锐而苛刻的问题，黄美廉并没有生气，也没有拒绝回答，而是朝这位学生笑了笑，转身用粉笔重重地在黑板上写下一句话：我怎么看自己？

写完后，黄美廉又回头冲学生们笑了笑，然后又在黑板上写出了这个问题的答案。

一、我很可爱！

二、我画的画很美！

三、我会写稿！

四、我的腿很美很长！

……

台下传来了雷鸣般的掌声……

美国著名的音乐家麦克约瑟说："你自己与自己的心交流，要赞美它，让它感到你对它的赏识，那时候它才向你释放灵感。"是的，我们只有欣赏自己，才能充分发挥自己的潜能，才会发现自身的优点，从而坚定了自信心，也就有了战胜各种困难的能力。

知道了自我欣赏的重要性后，也许你又会产生这样一个疑问——我在自己身上找不到值得欣赏的地方，就如同下面故事中的孔雀一样。

美丽的孔雀在听到夜莺的歌声后，很是不服气，但是任凭它怎么练习，它的歌声也不及夜莺歌声的十分之一。为此，它天天抱怨。

一天，孔雀拜见了天后赫拉，它又重复了自己的抱怨："您看，夜莺的歌声总是令人如痴如醉，很受其他动物们的喜爱。可是我不管怎么努力，我的歌声还是那么沙哑难听，它们一听到我的歌声就会嘲笑我，这对我也太不公平了！"

天后赫拉听完孔雀的抱怨后，安慰它说："虽然你的嗓音不好，但你的容貌却是动物里的佼佼者，你的羽毛是那么的华丽富贵，那么的光彩照人，开屏的时候就更为动人了，人们还把孔雀开屏称为一大美景呢！"

第七章 补充动力
——冲破困扰着你的那层冰霜

孔雀依然闷闷不乐："只有这种无言的美丽有什么用？歌声不如他人，再怎样我也高兴不起来。"

赫拉有点发怒了，它斥责孔雀说："每个人都有自己的命运，你注定是美丽的，而夜莺注定有一副好歌喉，老鹰注定有强大的力量……所有的鸟类都应当对命中注定的东西感到满足。"

面对天后的指责，孔雀终于不再说什么了。

如果现在的你就像故事中的孔雀一样想的话，那就是还没有了解自我欣赏的真谛。金无足赤，人无完人。世界上的任何事物都不可能十全十美，任何人都有着专属于自己的精彩。比如，孔雀的美丽是令人艳羡的，夜莺的歌唱是婉转动听的，老鹰的力量是力大无比的……如果你用挑剔的眼光来看待自身，便会忽视自己的个性，到最后，只会像孔雀一样抱怨不休。

因此，在前进的道路上，无论发生了什么事情或者将要发生什么，都不要亦步亦趋地效仿别人，掩饰自己、舍弃自己。否则，终将一事无成。

当然，自我欣赏，并不是自以为是，孤芳自赏，而是源于内心对自己的珍视和热爱，使你更加清楚地认识到自己的价值；自我欣赏，也不是让自己成为"井底之蛙"，不思进取，而是让自己从自我欣赏中激发自信心，学会自己激励自己，自己给自己打气。

懂得欣赏自己是一个人奋发向上、努力前进的无穷动力。一个人只有充分地自我接纳，懂得欣赏自己，才能自信地与人交往，出色地发挥自己的才能和潜力。因此，让我们学会欣赏自己，挖掘自己的信心，让它引领成功吧！

短信 6

不做薪水的奴隶，为了梦想而努力

工作的目的不仅仅是为了薪水，还有你个人能力的提升，以及搭建一个能够让你实现梦想的平台，这些远比薪水更重要，也更有意义。不要为薪水而工作，不要成为薪水的奴隶，在为事业、为梦想而努力的过程中，薪水往往也会随之提高。

几乎任何一家公司里，都有这样的抱怨声出现。

"老板给我的待遇太低了，薪水这么一点点，我才不会给他好好干呢！"

"我在公司里做了快十年了，职位和薪水都没涨；他刚来了几年，就被提升为总监，这也太不公平了……"

试问：如果你是老板，你在听到自己的员工有这么多的怨言时，你会让这些只把目光放在计较薪水和工作量上的员工担当重任吗？

一个人如果总是为自己到底能拿多少工资而大伤脑筋的话，他又怎会把主要精力都集中在工作上呢？做多做少，做好做坏，对这些人来说根本意义不大，因为他们只在乎薪水的多少。而事实上，在工作中，我们不仅学到了经验，还积累了资源，增加了阅历。可是只专注于薪水的人，又怎么能看到工资背后可能获得的成长机会呢？他又怎么能意识到从工作中获得的技能和经验，对自己的未来将会产生多么大的影响呢？这样的人只会无形中将自己困在装着工资的信封里，永远也不懂自己真正需要什么，最终必然会吃大亏。

第七章 补充动力
——冲破困扰着你的那层冰霜

凯雯在大学期间读的是会计学专业，大学毕业后她很顺利地进入一家公司的财务科任职。在通知她上班的时候，老板就告诉了她，试用期三个月，这期间的工资不高，转正后的工资也是视试用期的表现而定。如果干得好的话，以后的工资会逐渐增加。

刚刚上班时，凯雯热情高涨，干劲儿十足，经常会在完成自己的工作之后，主动帮助其他员工，每天的工作量绝不少于老员工。她整日地起早贪黑，加班加点，老板都看在眼里，对她很是满意。

不到两个月，聪明的凯雯凭借自己的扎实基础和勤奋努力，对整个公司的财务工作已经了解得十分熟悉了，她觉得凭借自己的能力，绝对能够独当一面。可是想想离转正还有一个多月，目前的薪水对于能力超强的自己来说实在是有点寒碜了。

在老同学的一次聚会上，她听到其他同学的工资待遇那么好，更觉得自己是屈才了。后来，她试探性地问过老板，看能否提前转正，但是老板并没有正面回答她，只是让她好好努力。凯雯觉得没戏，很是沮丧。

从此以后，凯雯对待工作的态度发生了很大的转变，即使自己的分内工作也不再像以前那样认真、细致地完成了，更别说帮助其他员工了。当公司在月末要赶制财务报表需要财务科加班时，她却以自己不是公司的正式员工为由提前下班了。平常的时候，凯雯也会经常性地迟到和早退。当然，这一切老板也都看在眼里。

不知不觉已过了试用期一个月了，但是凯雯的工资还是没涨。

凯雯又混了一个月后，还是没有加薪的迹象。她一气之下，便递了辞呈，离开了那家公司，去了一家别的公司。但是到新公司后，一切又得重来，她的工资还是那么低。

后来，凯雯偶遇以前公司老板的秘书。当老板秘书知道她的现状时，不无可惜又不客气地说："你现在的状况是在意料之中的，在我们公司实习的时候，你刚开始做得多好啊，老板见你工作认真，工作能力又强，本来想等你试用期结束后，就提拔你为科长助理的，并给你加薪的。但是后来你的表现真是太令老板失望了，所以老板就一直没有给你涨工资。"

像凯雯这样的员工，如果不端正工作态度，只为薪水去工作，不管她到哪个公司、哪个部门，都不会受到老板的欢迎。

而那些在职场中迅速体现价值的人，他们从来不会太过于专注自己的薪水，不会用眼前的薪水来衡量自己该付出的努力，而是把所有精力都放在学习上，放在工作中，放在工作为他们带来的每一次机会和成长上，即便让他们多做事却不能够立刻得到回报，他们也毫无怨言。

约翰在本科毕业后，开始了其职业生涯。但是刚开始的他并不是一帆风顺的，他总是因为工作岗位与自己的学历不相符，而放弃就职的机会，以至于他每天都奔波在求职的路上。

看着同学们一个个都有了不错的工作，约翰不得已，便随便在一家制造燃油机的企业做起了检验员的工作，薪水比普通工人还要低。

工作了一段时间后，约翰发现该公司生产成本高，产品质量差，于是他便四处找资料，阅读书籍，试图找到能改变公司现状的好方法。最后，他策划了一份改革方案，不遗余力地说服公司经理推行改革以占领市场。

身边的同事在看到他这么忙碌时，便都嘲笑他说："你看你那可怜的薪水，你为什么还要这么卖力呢？"

约翰在听到这样的声音时，总会冲别人一笑："我是在为自己工作，这样的我很快乐。"

经理采用了约翰的改革方案后，公司的利润在几个月内就增加了几百万美元。

一年后，约翰顺利晋升为副经理，薪水翻了好几倍。

约翰工作的目的不是为了薪水，而是为了自己的梦想。如果一个人

第七章 补充动力
——冲破困扰着你的那层冰霜

为了梦想去奋斗，他便会永远精力充沛地对待工作，即便遇到再大的困难和险阻，也能够咬牙挺过去。

那些只为薪水工作的人，往往忽视了一个永恒不变的事实：职位的升迁、薪水的提高，是建立在把自己的工作做得比别人更完美、更正确、更专注而不计报酬之上的。卡耐基说过："人生必须有目标。追求理想的人，要能避开'一切向钱看'的侵袭，才算是走上了成功的第一步。"把注意力放在工作上，而非金钱上之后，你的工作会越做越好，薪水自然就会越来越高，离梦想也会越来越近。反之，则适得其反。不仅成就不了事业，也无法获得更多的金钱。

所以，不要为薪水而工作，不要成为薪水的奴隶，因为薪水只是工作的一种报偿方式，是最直接的，也是最短视的。如果你一直努力工作，一直在进步，一直在为梦想而奋斗，你便会快乐，便能心平气和地将手中的事情做好，最终获得丰厚的物质报酬，实现自己的价值。

短信 7

不随时"充电"，终究要被"贬值"

不管身处何业，唯有孜孜不倦地有效学习，不失时机地充实自己、更新自己，才能步步为营，才能在激烈的市场竞争中长盛不衰。如果一个人停止了学习，那么很快就会"没电"，也许还会被社会所淘汰。

现在很多人，尤其是那些刚从大学毕业的年轻人，他们有理想，想靠自己的努力获得以后幸福的生活，他们就把全部的精力投入到工作当中，但这些人大多数都是忙来忙去，虽然奋斗了一辈子，但到最后依然只是一个平庸的人。

他们之所以会有这样的结果，就是因为他们错误地认为："只要在工作中拼命努力，就能获得一切。"其实，如果你没有随时充电的话，就算你在追求成功的道路上，把自己撞得头破血流，依然改变不了状况，虽然在公司安稳的时候，没有什么问题，但是一旦公司出现危机，这时那些只有苦劳却没有多少功劳的人就会被淘汰。

通用电气公司首席教育官、GE发展管理学院院长鲍勃·科卡伦在《我们如何培养经理人》一文中就曾提出："在GE内部，一旦你进入了公司，你是来自哈佛大学，还是一个不起眼的学校并不重要。因为一旦你进入公司，你现在的表现比你过去的经历更重要。

如果你从事一项新工作，你做得不是太好，没关系，只要我们知道你在学习，就有理由相信你能追上来。我们希望人们的表现高于一般期望值，工作得更出色。不过期望值不是一成不变的，它会随时间而变化。如果你停止学习，一段时间内一直表现平平，而期望值因为竞争关系、因为客户需求，或是技术进步而上升，但你却不再学习，你就可能被淘汰。要知道在企业，期望值年年上升。如果你今年销售额达到2000万美元，明年就要达到2200万美元，而在接下来的年头，你需要做得更多。

如果你停止学习，从个人的角度看这个问题，就像水在涨，而你就站在那里，并不去学习提高游泳的技巧，那就只有被淹死了。这对你个人和事业来说都是一件坏事。"

任何人，不管你身处哪个领域，不管你从事何种行业，都需要不断学习，充实自己。只有随时从知识的"源头"汲取养料，生命这一汪甘泉才不会是"死水一潭"。

现在，知识已不再是用多和寡来衡量，而是以新和旧来评判。知识更新瞬息万变，所以机会和财富也都是暂时的。如果认为自己已经学会

第七章 补充动力
——冲破困扰着你的那层冰霜

了一切，可以放松了，那么，也许就在你放松的那一刻，竞争对手就会超越你，使你之前所有的努力都毁于一旦。

在知识经济时代，一个人的学习能力在很大程度上决定了他获取知识的多少。从某种意义上来说，未来的"文盲"不是不识字的人，而是不会学习的人。现今，知识与科技发展一日千里，一个人唯有不断学习，不断为自己"充电"，才能使自己屹立于职场之巅，不败之地。

美国著名的大提琴家麦特·海默维茨在他15岁时就演奏了他的第一场音乐会，这场音乐会是与由梅塔担任指挥的以色列爱乐乐团合作演出的。这场演出精彩纷呈，演出刚结束，立即就在当地引起了强烈的轰动，受到各阶层人士的关注。一年后，他就获得了艾佛里·费瑟职业金奖。

后来，著名的德国唱片公司与海默维茨签订了独家发行其唱片的合约。之后，他所得的奖项更是蜂拥而至，如唱片大奖、金音奖等。

但出人意料的是，就在海默维茨声名大噪的时候，他却突然消失了，而且这一消失就长达四年，人们几乎都淡忘了这位大提琴神童。

四年后，一篇以贝多芬《第二大提琴奏鸣曲》为课题的毕业论文又引起了人们的轰动，而且还赢得了哈佛大学的最佳论文奖，而这篇论文竟是出自海默维茨之手。

原来，他消失的这四年一直在哈佛大学进修深造。

"吾生也有涯，而知也无涯"。一个真正有志向，渴望做出一番事业，造就自己的人，大都懂得随时随地积累知识，充实自我；对于所接触到的新鲜事物，他们会留心观察和研究，通过各种途径不断汲取新知识，以此来开阔自己的视野，丰富自己的思维。这样一来，在遇到各类问题时，他们便会应对自如。

李嘉诚这个名字大家都很熟悉，而这么一位商界大亨却有一个人生最大的遗憾，那就是因战乱原因，从小就没有接受过正规教育。

为了弥补这个遗憾，为了积累足够的知识资本，在有了条件之后，李嘉诚便开始了孜孜不倦地学习。

由于白天为工作缠身，李嘉诚只能利用晚上的休息时间来学习，阅读书籍。为了提醒自己不要入迷读书至凌晨，而影响了第二天的工作，李嘉诚常便自己设定一个闹钟。

虽然每天的读书学习时间很少，但是李嘉诚的坚持学习还是让他阅读了大量的书籍，掌握了很多新领域的新知识。李嘉诚说，读书不仅是乐趣，而且能开发心智，刺激思考。他把工作中的学习视为事业发展的动力。

20世纪50年代，李嘉诚还在经营塑胶工厂，他为了了解世界市场和新产品技术，就时常订阅美国著名的塑料工业杂志。当时，香港普遍采用的塑料注模机多是将塑料溶液注入模内的注射式注模机，有一次，他在一本杂志上看到一部新研发的机器，可以把模内未成形的胶管注入压缩空气，制成胶瓶或玩具。那时香港还没有引进这种机器，软胶瓶也未出现，李嘉诚认为生产软胶瓶的前景很好，但是这种新机器的价钱很贵，要两万元，李嘉诚自知经济能力有限，没有能力购买这部机器，于是他决定自行研制。

李嘉诚根据自己心中所想，先利用工厂的机器做出来一条条软而热的胶管，接下来，就要造模、制造空气压缩机了。就在他费尽心思想着如何制造之时，他忽然看见身旁的可乐玻璃瓶，顿时灵机一动，他想出了一个好主意。

随即，李嘉诚赶紧将可乐瓶颈弄断，将胶管放入可乐瓶内，然后利用机器的压缩空气口插入汽水的吸管，并向内注入压缩空气。他口含吸管一吹，两三秒内，胶管就沿着透明的可乐瓶身迅速膨胀，制成品出现了。

虽然，李嘉诚自制的机器异常简陋，但是却价格低廉，只需要那部新研发机器的十分之一价钱就可成功地制造出一模一样的产品。也正是

第七章 补充动力
—— 冲破困扰着你的那层冰霜

这部简陋的机器，制造出来大量的塑料产品，为李嘉诚的塑料工厂赚了不少钱。

若不是李嘉诚坚持每天读书学习，来给自己充电，他也许根本不可能制造出那种既赚钱又便宜的机器，更不会成就他以后的辉煌。

成功的人有千万，但成功的道路却只有一条，那就是孜孜不倦地有效学习，不失时机地充实自己、更新自己。只有如此，才能步步为营，才能在激烈的市场竞争中长盛不衰。如果一个人停止了学习，那么很快就会"没电"，也许还会被社会所淘汰。

"未来唯一持久的优势是，比你的竞争对手学习得更好。"这是彼得·圣吉对职场人的忠告。未来的竞争实质上就是学习的竞争，谁学习得更快，学习得更多，理解得更深，谁就会走在时代发展的前列。而不学习将失去竞争力，在这个知识经济时代，我们必须要勤于学习、善于学习，并且终身学习，才能在竞争激烈的社会中立于不败之地。

因此，要想干成大事，就要坚持每天学习，每天给自己充充电，只有如此，才能有足够的资本可以再创辉煌，才会探索并挖掘出个体前所未有的潜质，才会离成功更近一步，才会使生命的价值得以升华。

第八章

自我释然
—— 一切不过是浮云

人活着到底为了什么？名利不过是过眼云烟，烦恼不过是胡思乱想的苦果，面子不过是舍不下的虚荣心，痛苦不过是放不下过去的包袱……生命只有一次，悲欢离合演绎的残酷人生也只是浮云，当我们学会自我释然，看开、看淡之后，便会发觉没什么事情值得我们愤慨不已，没什么东西值得我们痛苦地惦念一生。想开一点，不强求，不贪心，残酷不过是一层迷雾，生活真正的底色依旧是美好和幸福。

短信 1

虚浮躁进，无功无利无幸福

凡事都有一个过程，如果遇事躁进，急于求成，反而会欲速则不达，造成更大的损失，凡是真正成大事者，都懂得戒骄戒躁，脚踏实地，甘于从一点一滴做起，从而才会有所成就。

拔苗助长的故事我们应该都听过，为了让自己的庄稼长得快点，便将地里的禾苗一棵一棵全部拔高了一些。结果可想而知，禾苗全部枯死了。急于求成，做事浮浮躁躁，恨不能一日千里，往往欲速则不达，事与愿违。

历史上的很多名人都是在犯过此类错误之后，才懂得成功的真谛的。

众所周知，宋朝的朱熹是个绝顶聪明之人。

他十五六岁时，就对禅学开始研究。然而到了中年之时他才感觉到，速成不是创作良方。

后来，他又经过一番苦功方有所成，成为我国继孔孟之后的一代宗师，他的哲学观点迄今仍对我国传统文化的发展起着不可磨灭的影响。

朱熹用十六字真言对"欲速则不达"作了一番精彩的诠释："宁详毋略，宁近毋远，宁下毋高，宁拙毋巧。"

任何事物的发展都要遵循一定的自然规律，当违反事物的发展规律一味贪快时，就有害而无益了。一个人如果越是急功近利，虚浮躁进，就越不容易得到功利。因为此时的他心胸狭窄，胸无大志，自然就不会

第八章 自我释然
——一切不过是浮云

有所作为。这就如同减肥。若想把一年里长出的赘肉在一个礼拜里都减掉，而不惜利用一些极端的方法，甚至是药物或者吸脂，结果只会把身体搞坏。

"不想当将军的士兵不是好士兵"，每个人不管处在什么行业，都该朝"当将军"这方面努力。但是，追求成功并不只是敢于追求，还必须善于追求。急于表现的结果往往只会让人心智浮躁，不能理智地想问题，从而使事情背道而驰。

大学毕业快半年了，钟凯还是漫无目标地游荡着，虽然走遍了各个招聘会，但总是找不到心仪的工作，心里不免着急起来。当看到以前那些学习和交际能力都不如自己的同学也都顺利上班了，他就更按捺不住了。

为了找到心里的那份平衡，钟凯不得已先"屈就"在一家物流公司做采购工作。

在工作中，钟凯总是抱怨这抱怨那，因为他总觉得自己堂堂一个本科生，到这种地方做这种事情就是一种浪费。抱着这样的心态，他自然什么事情也做不好，很快，便被单位辞退了。

丢了工作后，钟凯的心情更加急躁了。

后来，有个同学介绍他到自己所在的公司工作，可是他却认为这家公司太小，根本配不上自己。就这样，他又浑浑噩噩地虚度了一年。

转眼间，一些工作顺利的同学有的做上了总经理，有的办起了自己的公司……看看同学们生活得如鱼得水，钟凯的心里更加不平衡了。他越想越不服气，准备好好大干一场，想来个"一夜暴富"、"一举成名"，让大家也都羡慕他。

一个深夜，钟凯偷偷溜进某个重工业工厂，盗窃了一些钢材，卖了3000块钱。

尝到了"挣钱"的甜头，钟凯得意极了，便开始频繁作案。

谁知，半个月后，他在盗窃时，被埋伏许久的警察逮了个正着。

给现实社会的善意短信

钟凯因为盗窃公私财物罪被判了3年的有期徒刑。

如他所愿，他是出名了，但却失去了自由，失去了家人和朋友的信任！在狱中，钟凯流下了悔恨的泪水，"都怨我太浮躁了！"他泣不成声地说。

成功往往不会一蹴而就，事例中的钟凯渴望"一夜暴富"、"一举成名"，导致情绪烦躁，耐不住性子地想问题，结果做了错事，坠入痛苦的万丈深渊，痛不欲生。

当双眼专注于一个"快"字时，心智就很容易被蒙蔽，不能理智地分析问题，也不会再去想自己做出决定的后果：我走的方向对吗？路上会遇到什么问题？我是否准备充分了？还有没有更快、更便捷的路呢？没有了这些思虑，我们做起事情来只会更加辛苦，达到目的的那一刻也会来得更晚。

有一个青年，他非常羡慕富翁取得的成就，于是便登门拜访，希望能从富翁那里得知他成功的诀窍。

听完青年的来意后，富翁什么都没说，转身从厨房拿来了一个大西瓜，并把西瓜切成了大小不等的3块。然后对青年说："如果每块西瓜代表一定程度的利益，你会如何选择呢？"

青年想都没想地回答道："当然是最大的那块了。"

富翁笑了笑："那好，请用吧！"

青年吃着那块最大的西瓜，而富翁却吃起了最小的那块。

当青年还在吃那块最大的西瓜时，富翁已经吃完了最小的那块。

接着，富翁得意地拿起最后的一块，并故意在青年眼前晃了晃，大口地吃了起来。

其实，那块最小的和最后一块加起来要比最大的那块大很多。

青年马上就明白了富翁的意思：如果每块西瓜代表一定程度的利益，那么富翁赢得的利益自然比自己多。

吃完西瓜，富翁讲述了自己的成功经历。

最后，他对青年语重心长地说："我的成功之道就是先学会判断，不急功近利，这样才能获得长远大利。"

虚浮躁进，急功近利者，往往如故事中的青年一样，总是瞪着一对贪得无厌的眼睛，死死地盯着名利二字。当他们满心满眼都是名利，是地位，是权势时，哪里还能看清楚自己呢？

我们要学会"慢"生活。学习时把基础打好了，就是考前不抱佛脚，也不会考得太差；孩子喜欢什么就让他去学什么，不要揠苗助长；成功之路上的坎坷经历是无价的财富，不要妄想一夜暴富，一步登天。慢也是一种文化，慢了才能享受到健康生活。而虚浮躁进，急功近利，只会无功无利无幸福。

短信 2

冷静一点，不要被怒气冲昏了头脑

平日的怒火犹如弥漫的烟雾，不仅会伤害到自己，还会伤害到别人。学着让自己的心静下来，平息怒气，心安神定，这样才能和风细雨地化解矛盾，换来从容淡定的人生活法。

红尘之中，常人不可避免都会有怒气，而做事不理智、处世不冷静的人也大有人在，当然，他们也会因此而尝到苦果：因为老板的一句无心之语，意气用事，盲目地提出辞职；为了一点小事、一丝隔阂而冲动、发怒，闹得夫妻不和，最后分道扬镳……

每个人都有自己的个性，都有不同的成长背景。因此，对于同一件事情，不同人的看法也是不尽相同的。如果在面对这些矛盾的时候，我们能够静心视之，坦然面对人与人之间的差异，接受别人的建议。那么，结果就会截然不同了。

要知道，怒气非但解决不了任何问题，还会伤害到别人的感情，使他们对你敬而远之；一时的发泄纵然会令我们痛快，但却不能给我们带来任何的快乐，而且还会让事情越变越糟糕，使我们的内心更加痛苦。

一次，拿破仑正在前方征战，突然得知他的外交大臣塔里兰正在勾结外敌，密谋造反。于是，他匆忙从战场赶回来，立即召集所有大臣，想当众揭穿塔里兰的阴谋，并使他回心转意，继续为自己效劳。

会上，拿破仑一看到塔里兰就控制不住内心的怒气，他愤怒地盯着塔里兰，恨不得用自己眼中的怒火将塔里兰燃为灰烬。可是，塔里兰在看到拿破仑那杀人的眼神后，却没有做出任何反应。

这时，拿破仑已经怒火中烧，再也控制不住了。他走近塔里兰，环视了一圈众大臣，说："有些人希望我马上死掉！"

塔里兰仍旧没有任何的举动，只是看着拿破仑。

终于，拿破仑的怒火像火山一样喷发了，他冲着塔里兰大喊："你的权力是我给的，你的财富也是我给的，你竟然背叛我，你这个忘恩负义的家伙，没有我你什么都不是，你不过是一团狗屎，我再也不想见到你。"

说完，甩袖而走。

此时的塔里兰依然镇定自若，等拿破仑走后他才站了起来，一脸平静地对大臣们说："我们伟大的皇帝今天是怎么了？他为什么对我如此暴躁，我可没有做什么对不起他的事情。"

看到这样的场景，大臣们也都摇了摇头，他们觉得拿破仑开始走下坡路了。

其实，塔里兰的确在密谋造反。因为他深知拿破仑的性格，所以想故意激起拿破仑的怒气，让他发火，从而让他失去领导者的权威。所以

第八章 自我释然
——一切不过是浮云

才一而再、再而三地视拿破仑的指责而不见。

拿破仑的怒气，让他失去了一个领导者应有的权威和度量，破坏了他在人们心中的形象，最后他又丧失了主宰大局的权力，从而让塔里兰的阴谋得逞。

拿破仑控制不住心中的怒火，失去了解决问题和冲突的良好机会，导致自己处于孤立无援的境地，权力也因此而飘摇不定，真是可悲！可叹！

其实，现实生活中，在遇到他人的意见或看法与自己的意见或看法相悖时，能够坦然面对，并冷静处理的人寥寥无几。殊不知，这种由自身而生的怒气不仅无法解决问题，还会将矛盾激化，最终把自己置于痛苦的边缘。平日的怒火犹如弥漫的烟雾，不仅会伤害到自己，还会伤害到别人。

一个家庭有一个脾气非常暴躁的小男孩，他只要看什么不顺眼，就会大发雷霆，有时候还会摔东西，搞破坏。也正因如此，他失去了很多朋友。

对此，小男孩感到非常伤心。

一天，他跟自己的父亲说："爸爸，为什么我的朋友都不喜欢我，都离开我了呢？他们可以非常开心地一起玩，可就是不让我参加他们的队伍。"

父亲深知儿子的脾气，于是，他没有多作劝解，而是给了儿子很多的钉子，说道："儿子，从今天开始，你每发一次脾气，就往院子里的木桩上钉一颗钉子。"

虽然不是十分理解爸爸说的话有什么意思，但小男孩还是听从了父亲的话，每发脾气时就钉钉子。

第一天，他钉了将近 50 颗钉子，第二天钉了 30 颗，第三天 25 颗……

小男孩发现自己每天钉的钉子越来越少,直到有一天,他不用再往木桩上钉钉子了,因为他不会发脾气了。

于是,他将这件事情告诉了爸爸。

爸爸听完他的叙述,并没有因此而夸奖他,而是依然平静地说道:"儿子,你做得对,那么,从今天起,只要你控制住自己没有发脾气,你就将木桩上的钉子拔下一颗。"

就这样,木桩上的钉子很快被小男孩拔下来了,但他看到了上面那些深深浅浅的洞,他伤心地告诉父亲:"爸爸,你看,这些洞怎么办啊,这个木桩上现在变得千疮百孔的。"

这时候,小男孩的父亲抚摸着他的头,说:"儿子,你知道吗?那些无法抚平的洞就像你发脾气一样,你伤害了别人后,即使你再怎样向他们道歉,说再多忏悔的话,他们内心的伤口都无法愈合。"

小男孩终于恍然大悟。

从此以后,他再也不乱发脾气了。

在当今社会,我们无时无刻都在与人打交道,如果我们不懂得控制自己的情绪,不懂得与人为善。那么,我们发怒时的言语或者行为就会像木桩上的洞一样,深深地烙在别人的心里,很难再愈合。这样一来,就很少有人会与我们交朋友,我们的一生将会极为惨败。

美国生理学家爱尔马通过实验得出了一个结论:如果一个人生气十分钟,其所耗费的精力,不亚于参加一次3000米的赛跑;人生气时,很难保持心理平衡,同时体内还会分泌出带有毒素的物质,对健康十分不利。

既然动怒的坏处这么多,我们又何必发脾气呢?人与人之间的相处需要宽容和冷静,当我们和周围的人因为某些因素出现矛盾的时候,不妨学着让自己的心静下来,经常告诫自己要理智、冷静,就更容易平息情绪,心安神定!然后心平气和地看待事情,冷静理智地处理矛盾。只有这样,我们才能和风细雨地化解矛盾,换来从容淡定的人生活法。

第八章 自我释然
——一切不过是浮云

做到平心静气也是一种高深的境界，只有懂得宽容别人，控制住自身怒气的人，才能够真正地领悟到生命的内涵，才能收获一颗如莲花般清雅脱俗的心，并且在思想境界上得到极大的升华。

短信 8

摆脱"小跳蚤"，内心自然会清静不少

琐碎的小事就像跳蚤一样，它们困扰并腐蚀着我们的心灵，搅乱我们内心的平静世界。只有眼界放开了，心胸放大了，才能自由地俯瞰万物，不去在意身边琐碎的事情，寻求一片属于自己放飞心灵的天空，内心世界自然也就会清静不少！

生活中有许多的小事让人常常感到苦恼、伤心和愧疚。

早上你挤公共汽车时，有人不小心踩到了你的脚，心情就会变得异常糟糕；

在上班的途中遇到堵车，烦躁随之而来；

下班途中，汽车的轮胎突然被放了气……

这些小事看似很小，却像"小跳蚤"一样令我们难以淡定，难以从容。

有的人在烦恼面前痛苦不堪，会死死抓住这些小事不放，把自己埋进"灰色的情调里"不能自拔，以致沉沦、绝望；有的人则与此相反，在烦恼面前挺起腰杆，把聪明才智发挥到极致，最终取得巨大的成功。

聪明人说："这世上卖豆子的人应该是最快乐的，因为他们永远不担心豆子卖不出去。"他为什么会这么说呢？

看到众人疑惑，聪明人解释道："假如他们的豆子卖不完，可以拿回家去磨成豆浆后再拿出来卖；如果豆浆卖不完，可以做成豆腐；若是豆腐变硬了卖不出去，就当豆腐干来卖；豆腐干再卖不出去的话，就腌起来，变成腐乳。"

看到众人不住地点头，聪明人继续说道："卖豆人还有一种选择就是把卖不出去的豆子拿回家，加上水让豆子发芽，几天后就可卖豆芽；豆芽卖不完，那就让它继续长大变成豆苗；若是豆苗卖得不好，那就再让它长大些，移植到花盆里，当作盆景来卖；如果盆景还是卖不出去，再把它移植到泥土中，几个月后，它就会结出许多新的豆子了。一颗豆子变成了很多豆子，你们说这是不是很划算呀？"

一颗豆子在遭遇冷落的时候，尚有如此多的选择，何况一个人呢？我们在"小跳蚤"面前还有什么理由不乐观，还有什么理由自寻烦恼，郁郁寡欢呢？

其实，"小跳蚤"没什么可烦恼的，我们对待"小跳蚤"的态度主要取决于我们选择什么样的情绪。快乐和烦恼就像是硬币的两面，若是选择了烦恼，就只能成为痛苦的奴隶；若翻转到另一面，即可拥有快乐的翅膀。

快乐是自找的，困扰也是自找的。一个心理学家为了研究人们常常忧虑的"烦恼"问题，做了下面这个很有意思的实验。

心理学家让实验者在一个周日的晚上，把自己未来一周内所有忧虑的"烦恼"都写下来，然后放入一个指定的"烦恼箱"里。

三个星期之后，心理学家打开了这个"烦恼箱"，让所有实验者逐一核对自己写下的每项"烦恼"是否与真正发生过的烦恼相一致。

结果发现，其中90%的"烦恼"都并未真正发生。

此时，心理学家让实验者将剩下的那10%的"烦恼"记录下来，重新放入"烦恼箱"。

第八章 自我释然
——一切不过是浮云

又过了三个星期，心理学家再次打开"烦恼箱"。

经过再次逐一核对发现，几乎已经没有"烦恼"真正发生过或即将要发生了。

心理学家从对"烦恼"的深入研究中得出了这样一个结论：一般人所忧虑的"烦恼"中，有92%的"烦恼"并未发生，剩下的8%也多半是可以轻松应付的。

由此可见，让我们烦恼和忧虑的，几乎都是些琐碎的小事，而且多数还是我们自己自找的并不会发生的事情，它们就如跳蚤一样，虽不致死，但却带来了无数肮脏的"垃圾"，困扰并腐蚀着我们的身心。当你越抓紧这些小事时，内心苦闷的情绪就越无法得到释放，如此，也就等于在无形中放大了小事的重要性，那么我们的生活很可能就被这些小事情给拖垮了。

漫漫人生看似长久，实际上也只不过三天：昨天，今天，明天。昨天的烦恼是无用的；今天时间短暂，根本无暇忧虑；明天还未到，今天又何必为明天的烦恼埋单呢？

的确，在很多情况下，烦恼都是自找的。如此，我们便应该学习聪明人乐观的智慧，对身边微不足道的"小跳蚤"视而不见、忽略不计。

有一位青年坐火车回家过年，由于年关火车票紧张，他只买到了一张站票。

火车上拥挤万分，年轻人站在车厢过道里一位有座男子的旁边，后来他得知有座男子下一站就下车了，心中窃喜不已：下一站就有座位了。

年轻人与一位老者并肩站在过道里，被周围的人挤来挤去。终于，30分钟后火车到站了，有座男子下车了，年轻人刚要去坐座位，谁知却被另一个壮汉抢先了。

年轻人郁闷极了，满眼怒火地盯着壮汉。

给现实社会的善意短信

一会儿后，年轻人听见老者发自肺腑的一声惊叹："窗外的景色真美啊。"他转身一看，老者正凝神窗外，嘴角还露出丝丝笑意。

年轻人顺着老者的眼光看去，窗外有一条河，河面上波光粼粼，还飘着点点小帆，景致确实很美。但他正在气头上，哪还有心思欣赏外面的风景，便露出不屑的表情。

沉默片刻后，老者亲切地拍拍年轻人的肩膀："现在你把所有的心思都集中在抢座男人的身上，心里除了怒气还是怒气，都没有心思欣赏窗外美好的风景了吧？不就是一个座位嘛，为了区区一个座位而错过一路的好风景，你认为值得吗？"

年轻人听后，内心有些触动，便也默默地欣赏起窗外的风景来。渐渐地，他被美不胜收的风景所吸引，心旷神怡。

这时，他后悔自己刚刚愚蠢的举动，为了抢一个座位而怒火四射真的很没必要，而且那也没有什么可气的。

生命是极其短暂的，眼下这些小事真值得你浪费时间烦恼伤神吗？没有什么是丢不开、放不下的，不要让人生途中的那些微不足道的"小跳蚤"影响了你的内心。

没有了一个个"小跳蚤"的骚扰，你的内心世界才会清静不少，也就能腾出更多的精力去放眼世界，享受人生了。只有眼界放开了，心胸开阔了，我们才能以一个高屋建瓴的视角去俯瞰万物，我们的生活也才会随之焕然一新。

第八章 自我释然
—— 一切不过是浮云

短信 1

做最好的自己，率真是生命的底色

一切不过是浮云。只有保持自己率真的生命底色，坦然面对人生路上的苦难与坎坷，鲜花和掌声，误解和偏见，我们的心才会宁静，才会轻松，才能在这严酷的世界里有所作为、有所建树。

闻一多的早期作品中有这么一首即兴抒情诗《率真》：

莺儿，你唱得这么高兴？
你知道树下靠着一人是为什么的吗？
鸦儿，你也唱得这么高兴，
你不曾听见诅咒的声音吗？
好鸟儿！我想你们只知道有了歌儿就该唱，
什么赞美，什么诅咒，你们怎能管得着？
咦，鹦哥，鸟族的不肖之子，
忘了自己的歌儿学人语，
若是天下鸟儿都似你，
世界上哪里去找音乐呢？

娇小美丽的黄莺，歌声婉转，往往会引来人们靠在树下欣赏它的啼唱，但是黄莺却对这些人的欣赏和赞美不理不睬，坦然面对，只顾自个儿唱着，自个儿"高兴"着；黑黑的乌鸦冷森森地叫几声，几乎每一个人都会情不自禁地咒骂它，说它是厄运与不祥的征兆，但它却对人们的唾骂也毫不理睬,坦然面对,依然自个儿尽情地叫着;而鹦鹉却从不唱出自己的歌声,人们教它什么,它就跟着学什么,只会一味地重复着人类的语言。

招人喜爱的黄莺与令人生厌的乌鸦都是可爱的,因为它们都敢于吐露自己的心曲,是为"率真"。而鹦鹉却是狡猾的、世故的,它失去了它应有的天性——"率真"。

有位老禅师,他收了一个小和尚当徒弟。师徒俩每日都在山上修行,不与世俗接触。

小和尚长成少年时,师徒俩一起下山游玩。

小和尚看到牛、马、鸡、犬都不认识,便问师父这些是何物?

师父一一告诉他:"这是牛,可以耕地;这是马,可以用来当坐骑;这是鸡,可以打鸣报晓;这是狗,可以看家护院。"

小和尚点头领教。

这时,一位漂亮的女子从他们身旁经过,小和尚吃惊地问道:"这又是何物?"

师父怕他为世俗情事动心,便对小和尚说:"这是老虎,千万不可近身。一旦近身,必会被她所咬,尸骨无存!"

小和尚又点了点头。

回到山上后,师父问小和尚:"徒儿,今天你在山下见到的这些东西里面,有没有什么是惦记在心上的?"

小和尚说:"其他的东西倒是不想,唯独想念那吃人的老虎。不知为何,总觉得舍不得她。"

老禅师谎称女人是老虎,但却蒙蔽不了小和尚的心。小和尚唯独惦念"吃人的老虎",很好地说明率真是人的天性,是生命的底色。而我们做人,就应该保持自己的天性,保持自己生命底色的不变。

其实,人人都喜欢和真诚坦率的人交往,因为这些人如黄莺与乌鸦一样，坦率真诚，活得真实，在面对掌声和鲜花，或者别人的误解时都不会动容，能坦然面对这一切。

居里夫妇在发现镭之后，世界各地的人们纷纷来信希望了解提炼的方法。

居里先生看到来信后，平静地说："我们必须在两种决定中做出选择。一是毫无保留地向外界公布我们的研究成果，包括提炼方法在内。第二个选择是我们以镭的所有者和发现者自居，但是我们必须先取得提炼铀沥青矿技术的专利执照，并且确定我们在世界各地造镭业上应有的权利。"

谁知，居里夫人想都没想就选择了第一种决定。要知道，取得专利就代表着他们能因此获得巨额的金钱和舒适的生活，而且还可以给他们的子女留下一大笔遗产。

但是居里夫人在丰厚的物质诱惑面前却没动摇，她坚定地说："我们不能选择第二种决定。如果那样做的话，就违背了我们原来从事科学研究的初衷。"

居里夫人毫不犹豫地放弃了这唾手可得的丰厚物质，如此淡泊名利的人生态度，着实令人敬佩。她之所以能做到这一切，就是因为她有着人生最自然、最宝贵的东西——率真的天性。

巴顿将军说："不能以本色示人的人成不了大器。"在做人做事，待人接物时，只有展现真实的自己，才能保持一颗平静的心灵、一种淡定的姿态，才能以清醒的心智和从容的步履坦然走过人生的岁月。

在一次媒体采访时，一个记者问格雷史潘斯："大律师，请问您是怎么学会恰到好处地与他人进行感情沟通的？是从那些达官贵人或者上层名流的身上学到的吗？"

格雷史潘斯毫不犹豫地回答道："不！不！这些东西都是我从我养的那条狗身上学到的。"

记者大吃一惊，连忙问："狗？"

格雷史潘斯回答说："对！狗！狗是个很诚实的动物，它从来不会掩饰自己的需求。它想让别人爱抚它时，就绝不会板着脸待在墙角，也不会装模作样地做这样或那样的准备，而是把头放在我的腿上，摇着尾巴，亲切地望着我，等着我抚摸它。当它想吃东西时，就会汪汪地叫着，眼巴巴地看着那些食物，然后再看看我，或者往我腿上蹭。我从狗身上学到的东西甚至超过我阅读过的所有的经典著作。"

格雷史潘斯在面对媒体的采访时，借狗说人，他可真够率真的。也正是因为他的率真，所以他才学会了与他人之间的情感沟通，才成就了自己的成功。

所以，做好自己，不管是在人生路上的坎坷面前，也不管是在荣誉与利益面前，也不管是在别人对自己的偏见和误解面前，都不要去过于在意这一切，一切不过是浮云。只有保持自己率真的生命底色，坦然面对这一切，我们的心才会宁静，才会轻松，才能在这严酷的世界里有所作为、有所建树。

短信 5

在喧嚣尘世中淡定吟唱

喧嚣的地方总是向世人显露出浮躁和无知，心生淡定便可坐看尘世风起云涌，笑对人生得失去留。只有在淡定中完善并成长，回首时才不会再振翅难飞。

在这个瞬息万变的物质世界中，不少人为外界所影响，失去对自我

第八章 自我释然
——一切不过是浮云

的准确定位，随波逐流、好大喜功、丧失理性，这样的人即使有万贯家财，也丝毫没有幸福的感觉；然而有些人虽然每日粗茶淡饭，忙忙碌碌，但却没有烦恼，家庭幸福。为什么会出现这样的结果呢？

淡定，是一种超然的人生境界，是一种波澜不惊的人生态度，更是一剂自我豁达处世的良方！在我们的人生之路上，如果我们能够抛却尘俗，练就那份恬静，那份沉稳，那份波澜不惊的淡定，那么，即使在困境面前，我们都能做到处乱不惊，淡然处之。

曾经见过一些朋友在面对突如其来的困境时，一夜白发，未老先衰。心理冲击而造成的身体状况，是用再多的补品、再多的营养品都无法抵御的！其实，生活中很多的事情虽然是你无法决定的，但是如何对待生活的态度则是完全由自己决定的。如果我们在压力排山倒海般侵袭而来时，能保持一份安稳、淡定、不急不躁的心理，当机立断地做出决定并付诸行动，相信没有什么事情是解决不了的。

一个阳光灿烂的午后，在一个广场上，有一群人正在嬉笑打闹。可天公不作美，突然下起雨来。众人纷纷快速地跑动着去躲雨，但有三个人却丝毫没受到大雨的影响，在慢慢踱步离开。

有人问第一个人：你为什么不跟随别人跑呢？第一个人回答：前面也在下雨，再跑不也是淋雨吗？那我为什么要跑呢？听了他的话，大家感觉很理智，也就停下脚步，不再奔跑。

再问第二个人：你为什么不跑？第二个人回答：前面也在下雨，我为什么要跑？还不如借机欣赏一下雨中的风景呢！众人觉得更有道理，于是大家一起开始欣赏雨中的风景。那一把把的各种颜色的雨伞，还有那一串串晶莹透亮的雨珠和雨中的那种朦胧美，的确是一道难得的风景线。

当问到第三个人的时候，第三个人的回答是：下雨了吗？哪里的风景比得上我正在欣赏的我心中的那道景致呢？

第一个人面对突如其来的转变，淡定自若；第二个人不仅心态淡定，而且还饶有兴致地欣赏着雨中的美景；第三个人已全然不知外界发生了什么，他已经由外界的淡定、欣赏，转化为内心世界的超然，他内心的"风景"显然要比身边人眼中的风景绚美得多，那是一种自由无羁的风景，是一幅难以描绘的图画……

　　上面的故事说明人的心态不同，看待事物的结果也就不同。其实，人的很多焦虑都是在庸人自扰，既然来了的总是逃不掉，我们又何必为此耿耿于怀或者做无谓的逃避呢？不管在困难面前，还是在烦恼面前，只要以淡定的心态去面对，也许就是最好的解决方式；既然命运无法摆脱，一切都是天注定，那么何不在淡定中将生活提纯，因为只有淡定的人生才会多姿多彩，才会是饱满的！

　　当然，淡定并不是不求上进，也不等同于庸碌无为。淡定的人，依然保有明确的人生目标，依然可以为自己的目标不懈努力。但淡定的人，无须再被名利羁绊住自己的心。淡定的人，有着自由的灵魂，会适时给自己的心灵放个假。淡定的人，无论何时何地，都能"沉得住气"，有干大事的气魄。所以，只有做一个淡定的人，才能真正体会到幸福的真谛！

　　喧嚣的地方总是向世人显露出浮躁和无知，心生淡定便可坐看尘世风起云涌，笑对人生得失去留。练就了淡定的性情，方能理性地看待世事，理性地看待自己，不会再感伤于花开花落的无奈，不会再为那些虚无的名利而奔波劳碌，不会再因为生活的一时波澜而乱了方寸，偏离正轨。

　　淡定是一种气概，淡定地面对人生是一种难能可贵的生活态度，只有在淡定中完善并成长，回首时才不会再振翅难飞。

第八章 自我释然
—— 一切不过是浮云

短信 6

当你有了平常心，烦恼也就离你远去了

平常心是化解人生烦恼的一剂良药。用平常心去看待发生在周围的一切，用平常心去对待身边的每一个人，用平常心来看待自己的得与失，用平常心去看待所有的名和利……这时，你才会咀嚼出生活的原汁原味，才会感悟到生活的真实美，才会活得更加潇洒从容。

每天早起、上班、下班……我们多数人在多数时间可能都生活在这种按部就班、周而复始的平淡状态之中，这就是生活的常态。但是，有人却总是不甘心过如此风平浪静、波澜不惊的生活，总觉得这样体现不出自身生命的精彩来，为此而极为烦恼。

其实，生活可以很复杂，也可以很简单，关键是我们以哪种心态去看待它。那些从容淡定的人，懂得生活的真正意义所在，会用一颗平常心去对待生活，去咀嚼生活的原汁原味，去感悟生活的真实美。这样一来，在他们眼中天下间的人和事都超不出"平常"二字，因此活得极为潇洒从容。

有一位法师，他在寺院后的山洞里修行10年后才回到寺院里，之后他每天都会在大殿里通宵打坐。

有一天，大殿上功德箱里面的钱突然丢失了，他无疑成为众人怀疑的对象。因为大家都知道他每夜都在大殿内打坐，如果是外面的盗贼前来行窃，他应该知晓才是。

但是，当寺院住持当众说这事的时候，他并没有任何的反应，所有

人都认为偷功德款的人一定就是他了。所以，全寺中的众僧人以及和尚、居士无不对他冷眼相待，都向他投来鄙视的目光。

然而，这位法师处在这种人人怒目相视的环境中，仍然保持心平气和，一副若无其事的样子。他既没有站出来喊冤叫屈，向众人申明一切，也并没有流露出半点受委屈的情绪，与平常没有两样。每天按时去吃饭、每晚还是照样去大殿打坐。

终于，在七天后，寺中的住持才来揭开了谜底：原来功德款根本没有丢失，这是住持在考验他，想知道他在山洞中住的10年修行到了什么样的境界。没料到他竟能在遭受冤枉的情况下，依然不改常态，以一颗平常心去生活。

为此，全寺上下无不由衷地对他产生了崇敬。

这位法师在受到别人的冤枉和误解后，还能心平气和、宠辱不惊，在常人看来，他这是任人摆布，逆来顺受，而在法师看来，本就应该如此，这是一件极为平常之事。的确，与其花费时间和精力去和别人争个对错，还不如用一颗平常之心去待之。而就是在这种"绚烂之极归于平淡"的生活氛围下，法师以一个平常人的心态达到了人生的极致绚烂。

中国台湾作家林清玄在一篇文章里有这么一段话："平常心是无心的妙用。心里想着要睡一个好觉的人往往容易失眠，心里计划着要有一个美好人生的人总是饱受折磨……唯有内外都柔软，不预设立场的人，才能一心一境，情景交融，达到一体心的境界。"

而纷扰的世事总让人们的内心充满挣扎。很多人在寂寞无助时感到人生无常，于是陷入忧伤之中，难以释怀。工作的不顺、家庭的争吵或者对自己的不满，对生活的不满……人人都在追求幸福，追求成功，在这种无止境的欲望的驱使下，人们更容易感受到烦恼和痛苦，让我们难以摆脱。

很多人都会被欲望束缚住手脚，内心就会产生一种压迫人心的力

第八章 自我释然
——一切不过是浮云

量,到最后,其人生只剩下名利,心灵被各种欲望所奴役而不得安宁。不错,名利是人所需要的,但并不是人一辈子倾尽全力去追求的东西。被欲望控制住内心后,你的人生只会走向悲哀无助甚至被毁掉一生。而在欲望面前,我们若能用一颗平常心去看待一切,才能让自己更好地前行,成就完美的人生。

沈惠虽然刚刚年过三十,但其能力是毋庸置疑的,现在的她就职于一家物流公司,经过几年的打拼,现在的她年薪五十万,并且已拥有了一幢属于自己的豪华住宅。可是物质丰富的她却总是觉得生活异常枯燥。为此,她寝食难安,郁郁寡欢。她觉得这一切都源于她挣的钱还不够多,等将来更有钱了,一切就会变好的。

一天,沈惠去乡下旅游,她看到一家卖馒头的夫妇,他们家穷得只剩下光秃秃的四面墙了,每天需要从早忙到晚,不停地和面、蒸馒头、卖馒头,但是他们脸上却常常挂着微笑,孩子们也在笑声中玩耍,都没有因为家境贫寒而闷闷不乐。

沈惠觉得很奇怪,便非常不解地问这位妻子:"你们这么穷,为何还这么快乐?"

这个女人放下手中的活,用极度轻松的语气回答道:"我们是没钱,但为什么不快乐呢。想着我们一家人可以整天在一起劳动,父老乡亲可以吃到我们蒸的又甜又软的馒头,我们又可以交到很多的朋友,我们为什么要觉得不快乐呢?"

沈惠怔住了,惊诧不已,思索良久……

人们常说,欲望让人性膨胀,也会让人性陷落。为了自身的欲望,达到一定的目的,很多人就像沈惠一样付出了巨大的心智和劳力,把自己的生活搞得一团糟。乡下只够满足温饱的馒头夫妇,虽然生活拮据,但在精神的愉悦上却远远超过了沈惠,他们一家之所以快乐,正是因为他们拥有一颗平常心,过着一种快乐而纯粹的人生。

当然，平常心并不是叫人无所作为，也不是教人消极逃避，而是一种淡泊名利、不为世事所惑的品位，是一份淡淡的快乐和宁静。在这份快乐和宁静中，你才能正确地看待烦恼、苦难和欲望，不丧失自我的真性，你才能体味到生活的真谛，找寻到生命最真实的姿态。

平常心是一种境界，它并非是人人生来就具有的，而是通过锻炼得来的。一个人若想拥有平常心，他要经历坎坷的历程，经历风雨才能见得彩虹，经历了险峻才能到达顶峰，看见更美的风景。

真正领悟平常心，拥有平常心的人，在生活中会有自己的人生准则，不以金钱和利益为评判标准，不以他人的好恶来确立自己。他们能从自我价值的实现当中获得更多的欢乐与满足。平常心使人具有大海一样的心胸和气度，还使人像泰山般稳重。面对利益和纷争，面对烦恼和忧愁，平常心是自己最好的保护伞。

所以，在面对困难时，在面对得失时，在面对欲望时，在为人处世上，我们都要用平常心去冷静地看待世间的人和事，做到收放自如，这样我们才能忙中得闲，在闹中取静，少一分糊涂，多一分明白，才能更好地把握自我。

短信 7

放下包袱，享受你的旅程

小鸟之所以能够在高空中飞翔，是因为它有一双轻盈的翅膀，如果在它的翅膀上系上多余的包袱，它就很难再飞起来了。我们也是如此，只有忘记该忘记的，甩掉"不值得"的包袱，才能轻松上路，心无挂碍，洒脱人生。

第八章 自我释然
——一切不过是浮云

生命如同一段旅程。在这段旅程中，每个人都会捡拾到很多东西：地位、权力、财富、友谊、爱情、责任、事业……原本空空的行囊渐渐地被装满了。然而，由于背负太多，沉重得让我们举步维艰，我们的身心会不堪重负，人生之旅会越来越艰难。

如果想获得快乐而轻松的人生旅程，想拥有从容而淡定的人生姿态，那么就超脱一点、自由一点，放下过去的包袱，丢弃那些多余的负担，放下任何不值得背负的东西。这样轻装上路，将更加快速、顺利地到达成功的彼岸。

有一个青年，他总是不满意自己现在的生活，于是他背着个大包袱找到了上帝。大声地向上帝哭诉道："上帝啊，我觉得我是世界上最不幸的那个人，我孤独、痛苦、寂寞，长期的奔波使我疲惫到了极点；我的鞋子破了，荆棘割破了双脚；手也受伤了，血流不止；嗓子因为长久地呼喊而沙哑……为什么我的人生这么黑暗，为什么我总是找不到我心中的阳光呢？"

上帝笑着问他："你背的包袱里装的是什么？"

青年说："这里面有我每一次跌倒时的痛苦，每一次受伤后的哭泣，每一次孤寂时的烦恼……它们对我来说很重要，正是靠着它们的支撑，我才能走到您这儿来。"

听他讲完后，上帝带着他来到哗哗流水的小河边，河水看起来很深的样子。上帝和他走上河边的木筏，并乘着木筏过了河。

上岸后，上帝对他说："你扛着木筏赶路吧！"

青年很惊诧地看着上帝："什么，扛着木筏赶路？它那么沉，我扛着它走路得多累呀？"

上帝微微一笑，说："木筏就跟你背的包袱一样，痛苦、孤独、寂寞、灾难、眼泪……这些对人生都是有用的，它能使生命得到升华，但是如果把每一次的痛苦都装在包袱里，包袱就会越来越重，最终会使你不堪重负。孩子，放下它吧！因为生命不能太负重。"

青年觉得上帝说得有理，便放下了包袱，继续赶路。这时他发现，自己的心情变得轻松而愉快。青年心想：原来，生命是可以不必如此沉重的。

故事中这位青年因为不懂得如何忘记每一次跌倒时的痛苦，每一次受伤后的哭泣，每一次孤寂时的烦恼……导致了内心郁积，又因为得到了上帝的指点，懂得了卸下过去，最终轻装前行，很多事情得以释怀。

手机短信的收件箱满了，屏幕上方的那个短信小标志一闪一闪的，在提示着我们必须删除一些收件箱里的短信，只有腾出空间才能接收新来的短信。现在的我们总渴望着得到，渴望着占有，却又舍不得丢弃以前的东西。殊不知，不卸掉心灵的包袱，我们的心里又怎会有接收新事物的空间呢？只想着得到，却永远不舍弃以前的种种，你将永远得不到快乐。只有懂得适时地放下包袱，我们才能获得内心的平衡，才能收获快乐。

一天，老刘和老高一起喝酒。正喝到兴头上，老高却莫名地叹起气来，满脸愁容。老刘急忙询问其中缘由。

原来，老高刚刚退居二线。见老友满腔哀怨，老刘劝他说："不就是解甲归田嘛，这不是什么坏事。你看看啊，现在你不用经常深夜还在加班或者应酬了吧？少了伤肝损胃，又多了和家人团聚的时间，岂不是两全其美？再者，你也多了让贤的美名，这有什么不好的呢？"

老高听后愁眉渐舒，老刘见状，继续说道："人生一世，做官是一时，做人才是一世。我的表叔当年权高位重。在其退位当天，回到家中吃饭，看着饭桌上的青菜、萝卜、豆腐，由衷地感叹，说了一声'解脱了'。老人退位后，虽然身边没有了昔日的喧闹，却有了属于他自己的空间。饭后找老邻居聊聊天，下下象棋，晚上再练练书法，看看报纸，那生活过得真是既充实又愉悦。虽然老人已年近八十，但身体硬朗得很，整日笑口常开。你与我表叔比起来，可真是相去甚远啊！

"太阳永远都是东升西落，长江后浪推前浪那都是必然的自然规

第八章 自我释然
——一切不过是浮云

律。我们都五十好几的人了,难道还不该把机会让给年轻的下一代吗?再说,我们也没有'用青春赌明天'的本钱了呀!"

听完老刘的一席话,老高沉默了,许久他才开了口,"谢谢你了,老刘啊,你的一席话让我豁然开朗啊,我纠结了许久的疙瘩终于解开了,该放手时就放手啊!"说完,他慢慢地品了一口酒,哈哈大笑着说:"看来,这'舍得'酒你是没有白喝啊!"

我们就生活在这么一个严酷的现实社会,在不得不交出权力、放走机遇,甚至不得不抛下爱情、亲情时,我们虽有不舍,但也要试着去放手,坦然面对这一切。放弃那些没必要的"累赘",会使你显得豁达豪爽,会使你更加冷静主动,会让你变得更有智慧、更有力量。

心理学先驱威廉·詹姆斯说:"天才永远知道可以不把什么放在心上!"人的时间和精力都是有限的,如果把一切都牢记于心,那么思想负担就会日益加重,恐怕只会心有余而力不足。只有将不该记忆的事情如流水般忘掉,我们才能拥有一副愉悦、轻松的身心。

小鸟之所以能够在高空中飞翔,是因为它有一双轻盈的翅膀,当给它的翅膀上系上了多余的包袱,它就很难再飞起来了。我们也是如此,只有有选择、有目的剔除那些多余而繁冗、令自己力不从心的包袱,丢掉那些旧的恐惧、旧的束缚、旧的创伤,才能让一颗自由之心越过尘世,在广袤的天地间翱翔……

忘记该忘记的,甩掉"不值得"的包袱,让身心轻松上路,心无挂碍,洒脱人生。

短信 8

活在欲海之中，想开看开不强求

如果放纵自己"想要得到"的欲望，那么将永远得不到满足，生命会因此陷入"苦求"的轮回。一个真正懂得自我的人就不会被内心的欲望所羁绊，因为他懂得"知足常乐"，懂得"想开看开不强求"的真谛。

在人生之路上，有太多的人，一头扎进名利中不能自拔，卷入世俗的纷争和烦扰，并且以此为乐，甚至不惜抛去亲情，抛去爱情，抛去人性中本应坚守的诸如良善、友爱、公平、正义等美好的情怀，有的甚至拼掉健康和生命却始终无法回头。

在物质生活日益丰富的今天，究竟是什么让一个人变坏，产生恶念？归根结底就是贪婪和无止境的欲望。《伊索寓言》中有这样一句话："有些人因为贪婪，想得到更多的东西，却把现在所拥有的也失掉了。"虎狼虽然贪婪，但只争取一餐之食；蝼蚁虽然愚昧，也懂得知足而止。可是我们的心，却总在欲望的驱使下贪求生命需求以外的东西，永远得不到满足。这也正是人性的可悲之处！

有个老魔鬼看到人们生活得太幸福了，便想去人间扰乱一下，以免魔鬼会在人间消失。于是，他就派了一个小魔鬼去扰乱一个农夫。因为他看到那农夫虽然每天都在田间辛勤地劳作，但是收获却少得可怜，不过即使如此，他还是整天乐呵呵的，非常知足。

小魔鬼想方设法去破坏农夫的幸福，终于想到了一个好计策：把农夫的田地变得很硬，这样农夫就会知难而退。可谁知他把农夫的田地变

第八章 自我释然
——一切不过是浮云

硬后,农夫并没有生气,也没有丝毫的抱怨。他每天都对着田地敲打半天,做得好辛苦,最后终于又把田地弄得松软了,而且始终面带微笑。

小魔鬼看到计策失败,只好灰溜溜地回去了。

老魔鬼又派第二个小魔鬼去扰乱农夫。

第二个小魔鬼心想,既然让他更加辛苦也没有用,那就拿走他拥有的所有东西吧!于是,他便把农夫的馒头和水都偷走了。本以为农夫在辛苦耕作后,没吃的又没喝的,又饿又累,他一定会暴跳如雷!但没承想,农夫找不到馒头和水后,却呵呵一笑,说了一句:"不晓得是哪个可怜的人比我更需要那块馒头和水,如果这些东西能让他温饱的话那就好了。"

小魔鬼见状,只好弃甲而逃了。

老魔鬼感到很奇怪,难道就没有什么办法能使农夫变坏吗?这时,第三个小魔鬼说:"我有办法一定能把他变坏。"

小魔鬼先和农夫做了朋友,取得了农夫的信任。由于小魔鬼有预知未来的能力,他就告知农夫,什么时候会有干旱,何时会有涝灾,教农夫怎样预防灾难,农夫一一照做。结果,当别人颗粒无收时,只有农夫家里粮食满仓。久而久之,农夫也因此成为远近闻名的富翁。后来,小魔鬼又教农夫用粮食酿酒,然后再贩卖。没过两年,农夫靠贩卖赚取了更多的钱。慢慢地,农夫就不下地劳作了,而只靠贩卖的方式就能获得大量金钱。

小魔鬼跟老魔鬼说:"现在我要向您展示我的成果了。"

原来,农夫正在办晚宴,宴请附近所有的富人。他们喝着最好的酒,吃着最精美的餐点,欣赏着歌舞,身边还有好多仆人侍候。他们衣衫凌乱,醉得不省人事,这时,一个仆人端着葡萄酒出来,不小心摔了一跤,将葡萄酒洒在了一个客人身上。农夫见状,破口大骂:"你这个蠢货,做事怎么这么不小心?"仆人吓得跪倒在地,哭泣着说:"主人,我们忙了一整天了,到现在都还没吃一口饭呢,我饿得都眼冒金星了。""就光记着吃，事情没有做完，你们怎么可以吃饭？赶紧给我滚！"农夫恶狠狠地说着。

老魔鬼见了此景，高兴地对小魔鬼说："你真是太能干了！告诉我你是怎么做到的？"小魔鬼说："我只不过是让他拥有比他需要的更多而已，这样他人性的贪婪本性就被暴露出来了。"

由此看来，真正的快乐不是拥有得多，而是内心的欲求少，这是与富贵、贫穷无关的。很多时候，人的欲望过强就变成了贪欲，我们的情绪很容易被这种贪欲左右。相敬如宾的夫妻羡慕别的家庭恩爱，有了住房的时候看到的则是别人的花园洋房，拿了奖项的时候希望站在更高的领奖台上……永远是这山望着那山高，永无尽头，至死方休。于是，对自我生存状态的否定及盲目攀比的虚荣便阻断了快乐的根源。

现代西方最有影响力的经济学家凯恩斯曾经说过："从长期来看，我们都属于死亡，人生是这样短暂，如果我们无度追求物质的话，将脱离生活的轨道，走上歧路。"其实，我们只要活着就应该知足。当你早上醒来时，如果发现自己还能看到外面灿烂的阳光，那么这就说明你比在此刻离开人世的几十万或者上百万人更有福气；如果你从未经历残酷的战争，从未尝到过被囚禁的孤寂。从未饱受过痛苦的折磨，从未忍饥挨饿……那你已经好过世界上 5 亿人了；如果你的家里有食物，你有温暖的栖身之所，那你已经比世界上 70% 的人都富有了……

现在的你真的很幸福。就像歌中唱的那样"想想疾病苦，无病既是福；想想饥寒苦，温饱既是福；想想生活苦，达观既是福；想想乱世苦，平安既是福；想想牢狱苦，安分既是福；莫羡人家生活好，还有人家比我差；莫叹自己命运薄，还有他人比我厄……"所以，我们应该备加珍惜现有的所得，尽情享受眼前的幸福，这样我们才能获得永恒的快乐。反之，我们将会被欲望所累、所痛苦。

这天，大男孩在放学的路上，看到路旁有个小男孩在号啕大哭，于

第八章 自我释然
——一切不过是浮云

是便走上前去,关心地问道:"小弟弟,你为什么哭得这么伤心呢?"小男孩揉着哭得发红的眼睛说:"我刚才跑得太快,不小心丢了10块钱。"

大男孩看他这么伤心,知道丢钱的滋味不好受,便从口袋里掏出10块钱给了这个小男孩。小男孩拿到钱后,怯生生地说:"谢谢你,大哥哥。"

大男孩看他不哭了,脸上露出了笑容,然后继续走路。但是就在他走出没多远,却又听见了小男孩的哭声,回头一看,小男孩还没走,还在继续找东西。

大男孩大惑不解,便又回来问小男孩:"我不是给了你10块钱吗?你为什么还哭呢?"

小男孩回答说:"如果我先不丢掉那10块钱就好了,那我现在就有20块了。"

大男孩一愣,说:"别这么想了,你就当没丢过钱,也当我从没给过你钱,你就当这10块还是原来的那10块不就行了?"

"不行!不行!"小男孩边哭边叫,"要是我还有10块,我就可以买一把更好的手枪,而不是买最便宜的!"大男孩听到小男孩如此回答自己,无奈地摇了摇头,他不知道刚才给他钱的行为,是对还是错。

不得已,大男孩走开了。边走耳边还响着小男孩的哭声:"我要买更好的手枪,我要买更好的……"

不知足的后果就是如此。

人心不足蛇吞象。永不满足的欲望、过度的追求只会让人迷失自我,让你一遍遍体会着伤心失落,陷入欲望的深渊。人若没有知足心,就不会获得真正的幸福,一个容易满足、懂得知足的人才更容易得到幸福。

当然,我们所说的"知足"并不是一种不思进取的处世态度。随着现代生活节奏的加快,在各种压力不断增加的今天,"知足"是指在有限资源与无穷欲望之间找出一个平衡点，并努力将这种平衡状态维持下去的生活态度，是相对的知足，绝对的追求，是一种积极的生活态度，是一种智慧的处世方式。

短信 9

舍弃虚荣，不和别人争面子

带着虚荣心生活，只会给我们的生活戴上一个沉重的枷锁。如果你想获得幸福，就千万不能让虚荣心搅乱了心智。只有舍弃虚荣这个包袱，不和别人争面子，我们才会活得轻松快活。

人类的虚荣心，已经到了根深蒂固、难以铲除的境地了。无论哪一个人都会有虚荣心，也就是要面子，只是在程度上会有些不同而已。那么我们为什么会有这种虚荣心理呢？其根源就来自于自己的内心，我们害怕别人瞧不起自己。

所以，在我们的生活中，那些爱慕虚荣的人，为了给自己争面子，明明自己在某件事上失败了，但还是从不愿意承认；明明自己囊中羞涩，却会抢着去埋单；明明自己能力有限，做不了主，但还是会在朋友面前夸下海口……结果可想而知，自己打肿自己的脸来充胖子，其中的痛楚只能自己承受。

童璐璐和丈夫韩平是大学时的同窗，毕业后，两人都找到了一份还算稳定的工作。但是由于韩平家在农村，童璐璐又是家中的独生女，父母不同意女儿嫁给韩平这个穷小子。

可是，童璐璐坚决要跟韩平在一起，便偷走了家里的户口本，偷偷

第八章 自我释然
——一切不过是浮云

和韩平领了结婚证,两人没有筹办婚礼,只请了几个好朋友便算是结婚了。童璐璐的父母知道后很是生气,为此,便一直没有和女儿相见。

韩平为了出人头地,便暗暗发誓,一定要做出一番事业,让岳父岳母知道自己完全配得上他们的女儿。几年过去后,韩平终于实现了自己的理想,他开了一家印刷厂,身价超千万而且拥有了五六套住宅。这时的童璐璐可得意坏了,为了争回以前的面子,她和丈夫合计,要补办一次隆重气派的婚礼,把所有的亲戚和朋友都请过来。

这次婚礼很是热闹,童璐璐的父母和亲戚都过来了,父母看到女儿如此风光,觉得自己脸上都有光。而童璐璐更是虚荣心大发,以后每次和朋友一起出去吃饭时,不管饭钱有多贵,她都会抢着埋单,而且还经常会给服务员小费,最低都是两三百。有时候朋友要是不凑巧忘记带钱了,童璐璐也会豪爽地为对方掏腰包,并且还不用朋友还钱的。渐渐地,她便成了其朋友圈子里有名的"款姐"。

童璐璐的这一切,韩平都看在眼里。昔日温柔俭省的妻子现在俨然成了童话故事里那个不断向小金鱼索要财宝、贪得无厌、俗不可耐的渔婆。他们夫妻间的关系越来越紧张。最后,韩平提出了离婚。

离婚之后,童璐璐为了不让别人看她的笑话,还是不肯丢下自己的虚荣心。她陆续卖掉了自己名下的三处房产和豪华车来继续维持其"款姐"的面子。最后为了维持生计,甚至把手机都卖掉了。

曾经在朋友圈里是出了名的"款姐",在一夜间又一贫如洗了。

正是因为虚荣心在作怪,为了保全面子,童璐璐不仅失去了幸福的婚姻,而且还失去了仅有的财产。殊不知,面子有时只是一张面具,何必为了这张"假脸"而自欺欺人,使自己活得那么累,并且失去原有的幸福呢?

老刘是个地地道道的农民,靠种地为生。虽然收入不多,但是他却出手大方,总是爱"露露脸"。

今天老张家要娶媳妇，明天老李家要嫁闺女。前街的小郝媳妇要生小孩，后街的老孙他娘去世了……无论谁家遇上红、白喜事，即使人家没有邀请他，他都会怀揣"礼包"登门拜访。

为什么要这么殷勤呢？老刘说："礼多人不怪，关系就是靠这打下来的。"

后来，老刘的老爹去世了，他又是请戏班子唱戏，又是在家大摆筵席，宴请四方宾客。为什么要这么奢侈呢？

老刘又说了："我爹这辈子没享什么福，他这走了，我怎么着也得让他的葬礼办得轰轰烈烈的呀！"

但是，只靠种地能收入多少钱啊？哪能经得起这番折腾？

到了春天，别人家都将种子播种到地里了，他却连买化肥的钱都拿不出来，只好东家、西家地四处借钱。

在职场中，争面子的人也是屡见不鲜，而这些人多半还不是公司高管，而一般都是公司里做不了主的底层员工。

张海涛是一家公司的人事部副主管。

一天，他在朋友的婚礼上认识了孙海生，两人在一起很是聊得来，便互留了电话，以便以后联系。后来，两人见面次数多了，便越发熟悉了。一次，在几个朋友一起吃饭时，孙海生就说起了自己那个还没找到工作的儿子。

张海涛还没等孙海生说完，便拍着胸脯对他说："老哥，不就是一个工作嘛，侄子要是不嫌弃我那公司的话，我保证能把他安排到我公司去。"

孙海生知道张海涛所在的公司不错，便急忙问说："老弟，你不是在忽悠老哥吧？我可把你的话当真了。"

"一言九鼎，放心吧！这事就包在老弟身上了。"张海涛一脸得意。

其实张海涛明白，自己虽然是副主管，但却根本没多大权力，但是

第八章 自我释然
——一切不过是浮云

为了在朋友面前显示他的面子，还是毫不犹豫地说了出来。这让在场的人都记住了他的话，朋友们都说张海涛够义气。一瞬间，张海涛也顿觉自己很伟大，虚荣心得到很大的满足。

几天后，孙海生就给张海涛打电话，说要让儿子去面试。这下张海涛慌了，因为他根本就没跟人事经理说这事。但是，张海涛又意识到，如果这个时候拒绝，那么无疑就使自己丢了大面子。

于是，他不得不赶紧找到人事经理，看公司的职位有没有空缺。

人事经理摇了摇头。张海涛又求了经理老半天，经理都有点不悦了，指责他说："公司不需要人，你让我从哪儿给你找个职位？多一个无用的人，你给他发工资吗？"

没办法，张海涛又赶紧给好朋友打电话，看人家能否帮忙。为此，他又是请朋友吃饭，又是给朋友的老板送红包。折腾一番后，终于找到了一个策划的工作。

张海涛这关算是过去了。但是谁知孙海生的儿子只是技校毕业，对策划工作几乎闻所未闻，根本就进不了公司。

这下，孙海生就有点不高兴了，他对张海涛说："看你说得那么胸有成竹，还以为你真有本事，现在看来，我还是找别人吧，你不要为难了。"

张海涛因为"死要面子"，最终不仅让自己失了面子，而且还得罪了朋友，损耗了自己的时间、金钱和精力，真是自己给自己找"罪"受。

将自己陷入这种无法摆脱的虚荣之中，只会像张海涛一样赔了夫人又折兵，纯粹是自己给自己找罪受。

有这么一句俗语："死鸡撑硬脚。"意思是鸡虽然死了，可它的脚印还在硬撑着。既然都已经死了，还有必要再硬撑着吗？这些虚荣对我们来说有何用呢？真是死要面子活受罪。

法国哲学家柏格森也曾说过："一切恶行都围绕虚荣心而生，都不过是满足虚荣心的手段。"由此可见，虚荣心是多么地可怕。现实生活中由于虚荣心而引发的悲剧，便是很好的佐证。

所以，虽然好脸面无可厚非，但是为了面子而使自己受委屈，那就是"死要面子活受罪"。如果你想获得幸福，就千万不能让虚荣心搅乱了心智。只有舍弃虚荣这个包袱，我们才会轻松、愉快地生活。